美丽乡村空间环境设计的提升与改造

刘娜 著

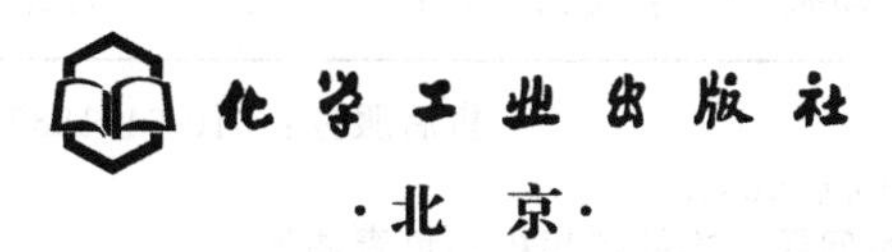

·北京·

内容简介

本书是关于美丽乡村环境空间设计方面的著作，由美丽乡村建设的相关理论、国内外美丽乡村建设现状、美丽乡村休闲农业环境空间设计、乡村街道空间设计、乡村民居建筑设计与改造、多元视角下乡村环境公共空间设计、美丽乡村环境设计提升与改造模式、乡村环境空间设计实效评价体系等部分组成。

全书以美丽乡村建设背景下乡村环境空间设计为研究阵地，对乡村环境空间设计进行研究，提出符合新时代发展中的创新性设计提升与改造思路，对相关领域的从业者、研究者以及读者具有学习和参考价值。

图书在版编目（CIP）数据

美丽乡村空间环境设计的提升与改造/刘娜著．—北京：化学工业出版社，2021.1（2023.1重印）

ISBN 978-7-122-37997-9

Ⅰ.①美… Ⅱ.①刘… Ⅲ.①乡村规划-环境设计-中国 Ⅳ.①TU982.29

中国版本图书馆CIP数据核字（2020）第227573号

责任编辑：徐　娟
责任校对：边　涛　　　　装帧设计：史利平

出版发行：化学工业出版社（北京市东城区青年湖南街13号　邮政编码100011）
印　　装：北京盛通数码印刷有限公司
787mm×1092mm　1/16　印张11　字数270千字　　2023年1月北京第1版第5次印刷

购书咨询：010-64518888　　售后服务：010-64518899
网　　址：http://www.cip.com.cn
凡购买本书，如有缺损质量问题，本社销售中心负责调换。

定　　价：68.00元

前言

2018 年 1 月，《中共中央国务院关于实施乡村振兴战略的意见》发布。乡村、人居、治理等概念在中央涉农政策内容中的提出极具时代的开创性，得到了社会各界对乡村人居环境治理的广泛关注。与乡村振兴的总体要求相比，我国乡村人居环境状况还存在诸多短板。相关数据显示，我国近 1/4 的农村生活垃圾没有得到收集和处理，使用无害化卫生厕所的农户比例不到一半， 80% 的村庄生活污水没有得到处理，约 1/3 的行政村村内道路没有实现硬化……行路难、如厕难、环境脏、村容村貌差、基本公共服务落后等问题比较突出，极大地影响了人们的获得感与幸福感。

现阶段我国乡村人居环境治理任务既繁重又复杂，推动乡村人居环境治理工作必须充分考虑时代背景、前提条件和相关的隐含假设。在乡村振兴背景下，要有效解决人居环境问题，具有非常大的挑战性。

首先，乡村人居环境整治要设定目标。现阶段我国乡村人居环境整治的目标是坚持和完善中国特色社会主义制度，落实实施乡村振兴战略的总要求。 2017 年年底召开的中央农村工作会议强调，走中国特色社会主义乡村振兴道路，必须坚持人与自然和谐共生，走乡村绿色发展之路。以绿色发展引领生态振兴，统筹山水林田湖草系统治理，加强农村突出环境问题综合治理，建立市场化多元化生态补偿机制，增加农业生态产品和服务供给，实现百姓富、生态美的统一。

其次，乡村人居环境治理要聚焦问题。目前我国农村人居环境整治主要包括农村生活垃圾治理、农村生活污水处理、农村村容村貌提升等内容。在具体实施时，必须发挥村民的主体作用，让村民充分参与到整治行动当中；同时，中央和地方政府也要提供相应的财政补助和金融支持，鼓励社会企业参与进来，加强对农村人居环境项目建设和运行管理人员的技术培训，多管齐下实施农村人居环境治理。

最后，乡村人居环境整治要突破瓶颈。改善乡村人居环境已成为实现乡村生态振兴必须解决的难点和重点问题，如何破解面临的瓶颈制约，在广阔的乡村舞台找到发展的新支点、新平台和新引擎？可以借鉴一些地方先行先试的探索经验，围绕农业增效、农民增收、农村增绿，支持有条件的乡村加强基础设施、产业支撑、公共服务、环境风貌建设，打造集循环农业、创意农业、农事体验于一体，以空间创新带动产业优化、链条延伸的“田园综合体”，将乡村人居环境整治纳入乡村振兴战略的全过程，在实现乡村“三产”融合和乡村“三生”（生产、生活和生态）一体化推进格局的同时，积极推动乡村经济社会全面发展的新模式、新业态、新路径。

美丽乡村建设作为新农村建设的一个新阶段，是新农村建设的延续。党的十九大报告和 2018 年中央一号文件都提出实施乡村振兴战略，要坚持农业农村优先发展，按照产业兴旺、生态宜居、乡风文明、治理有效、生活富裕的总要求，建立健全城乡融合发展体制机制和政策体系，加快推进农业农村现代化。基于此，许多专家和学者从不同角度进行了大量研究，其内容涉及村庄景观环境的改造、村落传统形态如何与自然特征相协调、安吉中国美丽乡村模式探讨、生态文明建设等。对于美丽乡村规划建设重在生态保护及村落传统形态延续上，针对不同地区各有侧重点。

乡村空间环境设计是美丽乡村建设中的重要环节，相比乡村规划更注重三维空间、艺术处理、公共领域、功能组织、行为与环境互动等内容，因此在风貌保护、文化传承上有更加具体直观的体现。本书以美丽乡村建设背景下乡村环境空间设计为研究对象，对乡村环境空间设计进行研究，提出符合新时代发展中的创新性设计提升与改造思路，希望通过本书的抛砖引玉，能有助于美丽乡村空间环境设计和提升理论与应用研究的发展。由于目前相关的研究较少，加之笔者水平所限，书中疏漏之处在所难免，欢迎广大读者讨论和指正。

刘 娜

2020 年 10 月

目录

第一章 美丽乡村建设的相关理论

第一节 战略构想

美丽乡村（beautiful village）是指经济、政治、文化、社会和生态文明协调发展，规划科学、生产发展、生活宽裕、乡风文明、村容整洁、管理民主，宜居、宜业的可持续发展乡村（包括建制村和自然村）。2012 年年底，党的十八大报告提出了建设美丽中国的宏伟构想。美丽乡村是美丽中国的起点，其建设需要按照“规划科学布局美、村容整洁环境美、创业增收生活美、乡风文明素质美”的要求，打造宜居、宜业、宜游的新型乡村结构，并纳入新型城镇化的战略框架，从而共筑美丽中国的发展愿景。2013 年中央一号文件《关于加快发展现代农业进一步增强农村发展活力的若干意见》，正式提出了“努力建设美丽乡村”的国家战略。同年，农业部在全国启动了美丽乡村创建活动，住房和城乡建设部在全国开展了美丽宜居示范村建设工作。由此，美丽乡村建设被提到了国家战略高度，各地掀起了美丽乡村建设的新热潮。

美丽乡村建设是推进生态文明建设和提升社会主义新农村建设的新工程、新载体。近年来，浙江美丽乡村建设成绩斐然，成为全国美丽乡村建设的排头兵。如今，安徽、广东、江苏、贵州等省也在积极探索本地特色的美丽乡村建设模式。2013 年 7 月，财政部采取“一事一议”奖补方式作为在全国启动美丽乡村建设试点。美丽乡村建设不仅是社会主义新农村建设的积极探索，也是“美丽中国”和生态文明在中国农村的重要实践形式。美丽乡村是以天蓝、地绿、水净、安居、乐业、增收为特征，以促进农业生产发展、人居环境改善、生态文化传承、文明新风培育为目标的新农村。美丽乡村建设对乡村规划提出了很多的新要求，如加大力度进行配套设施的完善、村庄特色与乡土风情的保护、生态文明的建设、环境卫生的改善、村容村貌的提升。2015 年 5 月 27 日，《美丽乡村建设指南》发布，对美丽乡村建设的生态美、生活美、生产美、行为美提出了具体要求。然而，关于如何全面推进美丽乡村建设，如何保持美丽乡村建设的可持续性和韧性，在理论上有许多困扰和难点，更重要的是缺乏可持续的政策工具和抓手。

一、聚落空间宜居宜业

改革开放以来，我国社会、经济等各方面均发生了翻天覆地的变化，农村经济也有了长足的发展，随着经济水平的提高及人口的增长，乡村的各项建设，尤其是住宅建设的规模在近二三十年间增长巨大，超过我国历史上的任何时期。在这个过程中，大部分村庄在一定程度上向外扩张了一定的规模，同时村庄内部也发生着解体和重构。随着越来越多的农村劳动力进城务工，享受到现代化的城市生活环境，农民回归农村后，其对美好生活的追求并没有消失，越来越多的现代化家具家电等进入农家。

对于乡村而言，村庄是农民主要的聚集区，主要包括民宅、聚落及周围环境等。就农村的民宅而言，其功能特点与城市住宅明显不同，城市住宅属于消费性的商品，是住户通过商业手段（大部分是购买形式）得到用于居住的场所，而农村住宅则具有居住与劳作的双重属性。

首先，农民在得到住宅的途径上，往往是自己参与建设的全过程；其次，从功能上讲，农宅不仅要满足包括起居饮食在内的生活居住功能，同时也要为农民的生产经营提供便利，因而农宅往往具有较大的储藏空间、家务院、晒台等配套空间；最后，从生活的方式上讲，由于农村的经济水平有限，社会提供的各类综合服务不完善，如村民需自家或多家配置水井以满足生活用水的需要。

当前，随着部分农村经济水平与城市接近，随着村镇的城市化和农民生活方式的改变，一部分农宅开始向消费型过渡。这些现象在城市近郊区比较突出。所以我们在进行乡村规划的时候，要从乡村的特点出发，设计符合农民生活生产要求的建筑，营造宜居宜业的空间，同时要考虑房屋建造的经济性、非商业性和可变性。

建造住宅对于农民而言，是一项相当巨大的经济负担。农宅的造价水平直接依赖于农民个体家庭的经济收入情况。尽管近年来农村经济有了飞速发展，但由于起点低，低造价依然是农宅建造的一个广泛前提。面积、材料、工艺都要受到造价的约束。

由于受到社会环境和住房政策的影响及限制，农宅建造具有很大的非商业性。农村宅基地是作为一项国家福利，由政府批给村民的，而土地使用权的转让一般只允许在本村的小范围内进行。

由此，农民通常会自己动手建房，雇用少量本地的劳力，基本上全程参与到住宅的建设过程中。住宅建成后为农民自用，很少出现转卖现象；随着一户一宅等政策的实施，农宅买卖现象将更少发生。

由于农宅一经建成，之后十几甚至几十年都是该家庭的居住之所，所以农宅必须具有足够的可变性来适应家庭结构的变化。农宅通常运用最单纯的空间结构来适应不同的使用需求。

二、生态空间绿色自然

2018 年中央一号文件第四章的标题是“推进乡村绿色发展，打造人与自然和谐共生发展新格局”。文件提出：乡村振兴，生态宜居是关键。良好生态环境是农村的最大优势和宝贵财富。

农业农村生态环境保护是新时代生态环境保护的重要内容。我国农业发展不仅要杜绝生态环境欠新账，而且要逐步还旧账，通过打好农业面源污染治理攻坚战，推进农业绿色发展，建设绿色自然的乡村生态空间。

乡村的良好生态环境是乡村振兴的重要基础。可以想象，如果乡村生态环境恶劣，基础设施及公共服务设施又无法和城镇相比，如何能够留住村民、吸引人才；如果人口大量进城，尤其是青壮年外出务工并定居城市，乡村的建设、管理等各项事业也就无从谈起，乡村

振兴也只能是一句空话。而如果青山绿水得以保留，生态环境宜人，同时产业兴旺，能够为村民提供丰富的就业岗位或渠道，必将吸引人才回归，共创美好乡村，实现乡村振兴。

三、基础设施安全可靠

据第三次全国农业普查数据显示，十年来，我国乡村基础设施建设力度持续加强，农村人居环境改善比较明显，基本的社会服务不断向乡村地区延伸，乡镇多类基本社会服务近乎实现全覆盖。

到 2016 年年末，几乎所有乡镇都建有现代的交通和能源通信等基础设施，其中部分基础设施正在提档升级，所有乡镇人居环境均有明显改善，乡镇公路基本实现“镇镇通”。

农村交通条件改善，基本实现与外界互联互通，农民出行更加便捷，这些为乡村振兴奠定了重要物质基础。通过多年的农村电网改造，几乎所有农村都通上了电。通宽带互联网的村占比约九成，即便是西部地区，通宽带互联网的村占比也近八成。

但与城市相比，与农民对美好生活的期待相比，我国乡村有些基础设施仍然十分薄弱，区域间差距仍然较大，仍然是全面建成小康社会和新时代社会主义现代化的突出短板。生活污水集中处理覆盖的村还比较少，2016 年年末生活污水集中处理的村占比不足两成，其中中部和西部地区约一成，而东北地区不足一成。

我国实施乡村振兴战略，在农村环境整治中，垃圾、水体治理和村容村貌提升是主攻方向之一。展望未来 10 年，需要优先打造城乡一体和相互融合的基础设施和社会基本服务格局，基本消除农村地区间基础设施的差距，使乡村更加生态环保，更加美丽宜居。

四、服务设施完善便利

根据相关部门的调查显示，农民最关心、最急需、最直接和最现实的基本公共服务，包括基本医疗卫生、义务教育、公共基础设施、最低生活保障、农技支持、就业服务、生态环境保护、社会治安、金融支持等，其中对公共基本医疗卫生、义务教育最为关注。

农民自身的诉求也非常强烈。大量调研结果表明，村镇公共服务设施亟待改善，在部分村庄，对公共服务设施的需求大大超出了对给排水、采暖等基础设施的需求。

相对而言，乡村的公共服务设施在数量上、质量上都普遍存在不足，滞后于社会经济发展水平及村民的实际需要。许多公共服务设施在部分农村地区相当缺乏，一些偏远的村庄甚至根本没有设置基本的、必要的公共服务设施，部分村庄内的公共服务设施用地、用房等得不到落实，存在租用民宅或和其他设施混用的现象。这些都给村民的生活造成很多不便。

随着村民素质及公民意识等各方面的提高，对公共服务设施的需求和渴望程度也逐步提高，普遍希望享受到和城市居民一样完善便利的公共服务设施。

五、公共空间功能复合

农村的公共空间是一个社会的有机整体，是农民从事农业生产、集会、休闲等的主要场所，其功能相对于城市的广场、公园等而言，更为复合多元。

乡村公共空间一般为人们可以自由进入并进行各种思想交流的公共场所。例如，位于村庄中的寺庙、戏台、祠堂、集市等场所能够满足村民组织集会、红白喜事等活动。

随着社会的发展，乡村公共空间的功能将更加复合化，从发展历史及现代化的使用要求来看，主要有乡村信仰、乡村生活、乡村娱乐、乡村政治等方面的使用要求。

乡村信仰公共空间多指农民从事祖先祭拜、民间信仰、宗教信仰等活动的空间及场所，如祠堂、寺庙、教堂等。尤其是在家族聚集的乡村，祠堂是从事信仰活动的主要场所，主要涉及孝道、传宗接代等伦理道德文化，对于规范代际关系、凝聚宗族力量具有重要作用。不仅如此，祠堂还具有团结宗亲、维系社会秩序的实际功能，在调解村民纠纷、救济贫困、维护社会治安、邻里生产互助等方面发挥着重要作用。

另外，民间信仰活动是一种具有地域性、自发性、草根性的非制度化信仰，一般指植根于乡村传统文化，经过历史长河积淀并延续至今的有关神灵、英雄、历史人物的信奉，主要信仰空间有土地庙、关公庙、观音庙等场所。

农民有交往、表达、参与、分享的需要，各种聊天场合就为他们提供了相互交流、沟通感情的平台空间。农民在闲暇时间一起在村头、树下、河边、商店门口等公共场所聊天。聊天的话题无所不有，上至国际风云、国家大事，小至村子里的家长里短，都会成为农民的话题。

另外，公共空间是婚丧嫁娶、生老病死、建房、考上大学、过寿等人情事件过程中发生的各种仪式、举办酒席、礼物交换的空间载体。

随着农业科技的进步和农村生产力水平的提高，农民物质生活水平也日益增长，开始拥有越来越多的闲暇时间，他们需要更多的精神享受和文化娱乐。

公共空间可以满足农民的文化需要，在没有增加农民货币支出的情况下增加农民的幸福快乐，是一种“低消费、高福利”的文化生活方式。娱乐性文化活动为农民在农忙之余提供了相互交往、相互联系的公共空间，娱乐的同时也成为农民的一种健康文化生活方式，能够为其提供生活意义和乡土尊严。

六、经济空间体系清晰

传统乡村以农业为主，其主要经济活动为农业种植、家禽家畜养殖。一般而言，村庄外围多为耕地菜地、养殖水塘等空间，同时家家户户的住宅还附带猪圈、牛棚、鸡窝等家禽家畜的养殖设施，构成自给自足的生活模式。

相比城市而言，国家对农村的投入以及关注都非常不够，再加上农村地区受本身地域广、受教育程度低等因素的限制，大部分农村的经济发展异常缓慢。

改革开放初期，我国开始实行了家庭联产承包责任制，现在农村的整体经济格局仍以分散的小农经济为主，农民的劳作仍处于整个社会生产链条的最低端，缺乏附加值。

《中共中央国务院关于实施乡村振兴战略的意见》明确提出：乡村经济要多元化发展，要培育一批家庭工场、手工作坊、乡村车间，鼓励在乡村地区兴办环境友好型企业，实现乡村经济多元化，提供更多就业岗位，满足村民就地工作需要。

在市场经济条件下，生产要素必然遵循普遍的经济规律和效率首选的原则；打破地域和所有制界线，投向效率和效益更高的地域和产业，自主追求资源的优化配置；开放的农村，已经打破过去社区性集体经济组织一统天下的局面，存在着多种经济组织；乡村经济实体之间的联合与合作、外来生产要素的涌进，将使过去固有的以村集体经济组织为主体的经营体制快速分化、异化。

七、社会组织服务高效

随着工业化和城镇化的快速推进，农村综合改革逐步深化，各项支农、惠农政策不断完善加强，我国农村社会发展水平及服务水平不断提高。

同时，由于农村社会结构、农业经营体系以及农民思想观念等的变化，对乡村治理及社会服务提出了更高的要求。乡村社会组织的高效服务能力，对于确保农村社会和谐稳定、农民群众安居乐业、城乡协调发展具有重要的意义。

随着城乡一体化进程的不断深入，城乡统筹发展步伐的加快，农村封闭保守的社会格局已经打破，城乡间的人口流动速度加快，农村的生活生产方式、农民的思想价值观念逐步转变，群众的民主法治意识也明显增强，利益需求日益多元化，各种利益诉求不断出现。

为此，各级政府及社会阶层需要从群众的切身利益出发，通过构建预防和化解社会矛盾的体系，积极拓展农民利益表达渠道，积极提升农村社会治理服务水平，推进农村社会治理主体多元化，在强化党组织和政府自身建设的同时发挥社会组织的协同作用、提高农民社会治理组织化的程度，使各种社会服务能够高效地提供。

八、本土文化独特活跃

乡村文化是在乡村这种特定环境下形成的特有文化，它的主体是村民，千百年来在他们中间不断发展、传播。乡村文化是指与当地的生产生活方式能够紧密关联在一起，并且能够适应本地区村民的物质精神两方面需要的文化。

我国的乡村文化是建立在传统农耕经济基础之上的农业文化形态。广大农民是乡村文化的主体，他们在长期的生活实践中创造并不断发展着乡村文化。

另外，农民特定的生活方式是对乡村文化产生影响的最大元素。农村现有的生产力发展水平和生产关系特点使乡村文化深受影响。农村还承担着乡村文化传播和发展的重任，是乡村文化的载体和依托。

我国新型乡村文化建设的过程，就是使乡村文化由传统型向现代型转变的过程，意味着数亿农民生存方式和价值观念的根本性变革，意味着乡村文化主体的农民形象的再塑造。

改革开放以来的新农村建设视域中的乡村文化建设，是在广大农村建设和谐、生态、文明、科学、现代的乡村文化和乡村文化状态，以满足广大农民多样化的文化需求和保障农民的文化利益，缔造新的乡村精神和乡村理想。其中既包含乡村生产生活方式的现代化、农民观念和乡村精神的重塑，也包含乡村文化机制获得创新与多元发展，以及乡村文化活力的激发和乡村文化生态的改善等。

乡村的外观主要包括周围环境的优美、乡村振兴规划布局上的合理性等。随着党的十九大报告关于“实施乡村振兴战略”的发布，近几年来建设美丽乡村、改善乡村的人居环境已逐渐成为人们关注的重点。村落中的公共空间作为邻里乡亲之间最重要的社交活动场所，不仅是村民们日常生活和休闲娱乐的空间，也是对当地人文文化和精神的一种体现与再生，更是人们情感上的一种依托。所以，研究乡村空间环境设计的提升与改造，无疑对美丽乡村建设起到了助力推进的作用。

第二节 农村多元文化理论

一、当代农村多元文化的选择与创新

农村是我国原生态文化的最后一块重镇，也是当代中国文化的活水源头。但是，随着社会流动的加快和交往的频繁，广大农村逐渐摆脱了传统农耕、封闭、凝固的特性，开始显示出多质、开放、多元的文化形态。在今日之农村，传统文化与现代文化的并存和冲突、本土文化与都市文化乃至西方文化的交融和交锋、大众文化与高雅文化及先进文化的交织和矛盾，都以一种最为包容而又最为奇特的形式“集合”在一起。面对如此复杂多样的文化生态，我们必然要回答：农村文化向何处去？

（一）传统文化：农村文化选择之根基

文化虽然处在永恒的流变之中，但事实上却没有任何一个民族和地区文化可以抛弃其传统而重起炉灶。农村传统文化是依附于土地的农民世代传承下来的文化根基。虽然由于社会历史的变迁和生活方式的转变，农村文化发生了很大变化，但凝结在农村文化之中的深层内核和精髓，如天人合一、勤俭节约、勤劳、善良、勇敢、自强等思想和价值观却经久不衰。它流淌在世代子民的血脉中，并且同化着其他外来的异质文化。现代文明持久而强烈的侵蚀没有导致农村传统文化的消亡，相反却不知不觉被其内化和同化。农村文化因为传统文化的积淀而充满了活力。事实上，传统文化并不是一种静态的存在和某种符号的象征，而是活生生的现实和真真切切的生活，是流淌在世代农民身上生生不息的血脉。因此，农村文化的选择在根本上可以归结为中国传统的基本价值观在现代化的要求之下如何实现创造性转换的问题，因而它表现为以优秀传统文化为基础的一种理性选择。

（二）主旋律文化：农村文化选择之导向

如何确定文化的发展方向，这是文化选择的关键。弘扬主旋律是农村文化方向性选择的基本导向。所谓主旋律文化，就是与社会发展相一致、反映人类进步趋势的先进文化。主旋律文化就是主导性文化。任何一个时代必然会产生与其发展相适应的主导性文化。在我国，主导性文化就是社会主义先进文化。在农村弘扬主旋律文化，应切实把农民作为文化建设的主体和服务的对象，坚持贴近实际、贴近生活、贴近农民，不断创新农村文化传播的形式和手段。主旋律的本质就是“坚持以最广大人民为服务对象和表现主体，关心群众疾苦，体察人民愿望，把握群众需求，为人民放歌，为人民抒情，为人民呼吁”。主旋律文化的基本原则是全心全意为人民服务。因此，在农村弘扬主旋律文化，首先必须把它从空洞的政治说教中解放出来，回归主旋律自身，也就是农民自身；其次，弘扬主旋律文化绝不意味着曲高和寡与孤芳自赏，相反，它需要多种文化交叉、融合与互补，并形成“和声”，促进多种文化和谐发展。

（三）都市文化：农村文化选择之酵母

具有现代技术特征的都市文化，是城市居民在长期生活过程中共同创造的具有现代

文明属性的一种文化模式，它与以传统农业文明为基础的农村文化相对应。当代中国，新生代农民工穿梭于都市内外，都市人通过“乡村游”而往返于城乡。特别是户籍制度的变革开始打破了农村与城市的屏障，使得农村文化与都市文化出现了再度融合的趋势。但是，农村文化与都市文化在地位上并非对等。究其原因，主要在于现代化进程中农业的落后与城市工业的繁荣所形成的反差，使得农村文化成为一种内隐文化而逐渐萎缩。于是，都市文化理所当然地充当了当代文化的主流话语，代表了人们最普遍的审美追求与文化需要。在当今，随着农村与城市壁垒逐渐破除，这种文化示范作用被愈益放大，从衣、食、住、行等有形的物质文化，到知识、信仰、艺术、道德、法律、风俗、社会心理、价值观念等无形的深层文化，都市文化对农村文化的影响都是全面的和不可抗拒的。另外，都市文化对农村文化的影响除了正向的以外，也有诸多负面的影响，如都市非主流的生活享乐主义、娱乐感官刺激、物质私欲膨胀等文化现象，也可能会与部分农民思想和精神产生共鸣。因此，更好地规范都市文化，提升文化品位，对于农村文化建设会起到至关重要的示范作用。

二、如何培养优秀的乡村文化

文化是根，深深地植入人们心中。充分挖掘好赖以传承的悠久乡村历史文化，可以勾起人们的缕缕乡愁，增强对美丽乡村建设的认同感，从而激发内生动力。

在推进乡村振兴过程中，应当如何培养优秀的乡村文化？没有了乡村文化，乡村就如同失去灵魂一般，实际上也就没有了真正的乡村。随着城市化的发展，越来越多的农民“离土离乡”。由于生产生活方式的改变，传统乡村文化存在的基础被破坏。我国现存的传统村落有着丰富的物质和非物质文化遗产，使民俗文化不被埋没、把传统村落保护等同于文化性建筑保护是新时代乡村文化培养面临的挑战。高静（2019）认为文化自信的缺失是当前我国乡村的最大缺失，有的人盲目崇拜城市文化、城市生活方式，不再认同乡村生活方式，导致原有的乡村价值观缺失。另外，欧阳雪梅（2018）指出乡村文化振兴主要面临以下四个方面的挑战：一是乡村国家意识形态建设式微；二是乡村公共文化短缺；三是乡土文化被边缘化；四是宗教文化在农村影响力扩大。

文化是乡村振兴的动力和智慧之源，实现乡村全面振兴需要把握好乡村文化的科学内涵。高静和王志章（2019）指出乡村文化振兴的要义是实现“文化从自觉到自信”，要尊重文化再生长的客观规律，精准识别乡村文化符号，重塑文化的包容性，提升乡村文化。廖军华（2018）认为传统村落保护，首先要以人为本，提高村民生活水平，对村民赋权，在保护村落文化的同时注重增加村民的经济收益，充分发挥当地居民参与保护村落的积极性，当地政府出台相应保护政策、合理改造传统村落都是传统文化保护的有效途径。俞海萍（2018）指出塑造文明乡风，首先要加大文化基础设施建设，大力发展文化产业是构建优良乡风的可靠措施。颜德如（2016）从乡贤文化建设角度出发，认为继承优良的古乡贤文化，培养有教育涵养、受民众认可、能引领乡村发展的新乡贤是乡村文化发展的关键，要以新乡贤文化推动其他乡村文化发展，助力乡村振兴。

总之，在保持当地文化传统的基础上，按照特色化、个性化、艺术化理念，将生产要素融入乡村空间环境的设计中去。

第三节　生态环境理论

生态文明是指人类在改造客观物质世界时，遵循社会发展中自然和经济发展规律，积极改善人与自然、人与人、人与社会的关系，达到和谐共生、良性循环、全面发展的状态，为实现可持续发展增添动力。美丽乡村是建设美丽中国的重要组成部分，是指建设一个生产发展、生活宽裕、乡风文明、村容整洁、管理民主的社会主义农村新形式。乡村空间规划是国土空间规划的重要组成部分，一定要在美丽乡村建设的大背景下兼顾生态文明要求。譬如《生态文明体制改革总体方案》要求的“构建以空间规划为基础、以用途管制为主要手段的国土空间开发保护制度，着力解决因无序开发、过度开发、分散开发导致的优质耕地和生态空间占用过多、生态破坏、环境污染等问题。构建以空间治理和空间结构优化为主要内容，全国统一、相互衔接、分级管理的空间规划体系，着力解决空间性规划重叠冲突、部门职责交叉重复、地方规划朝令夕改等问题。”因此，在建设美丽乡村的过程中，如何运用现代生态文明理念，加强美丽乡村的规划和空间环境的设计就显得尤为关键。

2005 年 8 月 15 日，时任浙江省委书记的习近平同志在湖州市安吉县余村考察，首次提出“绿水青山就是金山银山”的理念。我国仅用几十年时间走完了发达国家几百年走过的工业化历程，而发达国家出现的环境问题，在我国当时的快速发展中已集中显现出来，走欧美“先污染后治理”的老路显然是行不通的，传统的粗放型经济发展方式若再不改变，资源环境将难以支撑中国的可持续发展。2017 年 10 月 18 日，习近平总书记在党的十九大报告中强调“建设生态文明是中华民族永续发展的千年大计。必须树立和践行‘绿水青山就是金山银山’的理念，坚持节约资源和保护环境的基本国策，像对待生命一样对待生态环境，统筹山水林田湖草系统治理，实行最严格的生态环境保护制度，形成绿色发展方式和生活方式，坚定走生产发展、生活富裕、生态良好的文明发展道路，建设美丽中国，为人民创造良好生产生活环境，为全球生态安全做出贡献。”2020 年 4 月 21 日，习近平总书记在陕西省安康市平利县蒋家坪村首次提出了“人不负青山，青山定不负人”的科学论断。在实践中，对绿水青山和金山银山这“两座山”之间关系的认识经过了三个阶段；第一个阶段是用绿水青山去换金山银山，不考虑或者很少考虑环境的承载能力，一味索取资源；第二个阶段是既要金山银山，但是也要保住绿水青山，这时候经济发展和资源匮乏、环境恶化之间的矛盾开始凸显出来，人们意识到环境是我们生存发展的根本，要留得青山在，才能有柴烧；第三个阶段是认识到绿水青山可以源源不断地带来金山银山，绿水青山本身就是金山银山，我们种的常青树就是摇钱树，生态优势变成经济优势，形成了浑然一体、和谐统一的关系，这一阶段是一种更高的境界。

在美丽乡村建设过程中，为何生态环境问题频现，分析原因如下。

其一，缺乏统筹规划引领。一些地区对农业产业发展及其污染治理缺乏全面统筹规划，已开展的村庄规划编制对特色民俗旅游资源整合不到位，缺乏对环境承载能力的科学评估和选址规划，导致民俗旅游设施生态环境问题突出；垃圾集中投放规划不科学，相关措施不配套，部分农村垃圾未进入收集转运体系，对规模以下经营性养殖户的污染治理也缺乏规范指导。

其二，缺乏投入保障机制。一方面，没有将农村生态环境治理资金纳入各级财政资金支持的重要科目，有治理设施建设而无设施运行维护资金预算、有污染处理建设而无配套运水管网或垃圾收集转运系统建设资金预算等现象较为普遍；另一方面，在推进农村生态环境治理市场化改革方面，社会资本参与度低，治理资金投入缺乏。

其三，缺乏技术标准支撑。目前，适合广大农村地区且成熟的污染治理和农业废弃物资源化技术仍显缺乏，一些地方简单引用城市污染治理的环境标准体系，或是选用的治理技术繁复，难以消化掌握，大大影响了农村治污设施运行的有效性、稳定性和经济性。

此外，在全国综合执法改革中，对农村生态环境行使统一监管的责任部门一直处于缺失状态，农村地区的环境违法行为难以得到有效监管；加之农村生态环境治理的目标责任体系尚未有效建立，管理中存在责任认定、追责和问责困难的状况。

建设生态宜居的美丽乡村，解决农村突出的生态环境问题，改善农村人居环境，事关全面建成小康社会，也是推动生态文明建设不可或缺的一部分。为破解上述难题，笔者建议，应以深入实施乡村振兴战略为抓手，统筹谋划，系统推进美丽乡村建设。

首先，在乡村振兴战略中着力推进农村环境治理。进一步将农村生态环境治理作为实施乡村振兴战略和全国生态环境保护“十四五”规划的重要内容，建立污水与垃圾收集处理、畜禽粪污资源化综合利用、水环境特别是饮用水水源地保护、自然生态特别是各级各类自然资源地保护、农药化肥减量化施用和村民生态环境保护意识提升等农村生态环境评价和目标责任体系，将其列入对各级党委、政府和部门生态文明建设和环境保护目标责任制的重要考核内容；同时，落实农村生态环境统一监管执法责任制，为美丽乡村建设推进提供政策和制度保障。

其次，同步规划农业产业化与产业生态化。乡村民宿（见图 1-1）、休闲度假（见图 1-2）、旅游业和养殖业等农村产业应在统筹编制规划的前提下有序发展；同时，结合当地实际，在产业规划中优化生态环境保护规划专篇，确保产业规模、布局与生态环境承载力、污染治理设施相配套，产业发展与生态环境管理相协调。

图 1-1 乡村民宿

最后，农村环境治理项目的运行应与建设配套。建立各级财政加大资金投入、村民适度自筹的农村生态环境治理资金保障机制，加大农业农村生态环境治理技术研发投入，鼓励通过农业产业化带动农村生态环境治理，积极培育农村生态环境治理产业市场，推动工商资

图 1-2 休闲度假

本、科技和人才“上山下乡”，吸引社会资本参与农村生态环境治理。地方在选择农村污水收集处理方式与工艺、农村垃圾收集转运与处置方式、畜禽粪污收集处理方式与方法时，应与当地特点相适应。在这方面，应支持采用“宜焚烧则焚烧、宜填埋则填埋、宜资源化则资源化”方式处理农村生活垃圾；大力推行种养结合，引导畜禽养殖业合理布局，并在财政奖补等方面予以优惠补贴，实现粪污资源化综合利用。此外，还可通过政府补偿或企业联合、并购等方式，引导规模以下的经营性养殖户升级改造或有序退出，确保在广大农村地区实现生态美、产业兴、百姓富的美丽乡村建设良好格局。

良好的生态环境是乡村独特的地理优势。要充分发挥生态环境的潜力，让良好生态成为乡村振兴的“催化剂”。江泽林（2018）指出乡村振兴要走资源节约型、环境友好型道路，恢复和提升农村生态环境，生态与旅游业要联系起来，因地制宜地发展具有当地特色的生态旅游业。高尚宾等（2019）通过剖析农业发展进程中面临的资源环境等问题，指出发展生态农业是实现乡村振兴战略目标的重要举措，生态与农业要相互联系，培育一批生态农业、生态农场、生态农庄、生态农民。绿色发展要贯穿于各个产业各个环节，做到农业生态化、种植业生态化及旅游业生态化等各种产业生态化，将生态价值转化为经济价值，吸引更多的外来投资助力乡村振兴。

第四节 经济发展理论

绿水青山是自然财富、生态财富，也是社会财富和经济财富。“靠山吃山、靠水吃水”，关键是如何“靠”。乡村要立足本地，因地制宜发展特色经济，利用自然优势壮大美丽经济的做法，把绿水青山蕴含的生态价值，科学合理地转化为金山银山，实现生态效益、经济效益和社会效益的共赢。

经济发展不是消耗自然资源的“竭泽而渔”，生态保护也不是贫守青山的“缘木求鱼”，而是要全面践行习近平总书记“绿水青山就是金山银山”“生态本身就是一种经济”的科学论断，基于本地生态优势，因地制宜确定扶贫攻坚的路径及模式，始终坚持在发展中保护、在保护中发展，不仅要实现脱贫攻坚目标，也要实现绿水青山质量的再提升。

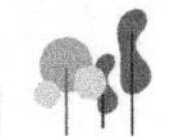

习近平总书记在阐述“人不负青山，青山定不负人”的科学论断时指出，“绿水青山既是自然财富，又是经济财富”，向我们揭示了“青山”兼有自然属性和经济属性的本质。由于人与自然的关系是人类社会最基本的关系，是主客体的关系，而人的需求则具备社会属性，发挥着最为积极的作用。尽管如此，并不是说“人”可以对“青山”予取予求，“人不负青山”是人与自然良性关系的前提，生态优先与绿色发展呈现出源流关系，而不可倒置为“青山不负人，人定不负青山”。如果人类的活动建立在过度消耗资源和污染环境的基础上，以破坏生态环境去换取一时的经济增长，人负了青山，超出了大自然能够承受的范围，致使生态系统的结构和功能遭到严重破坏，那么势必伤及自然属性而最终丧失经济属性。人类活动对自然的伤害最终会伤及自身，社会属性也就无从谈起。安康历史上“三年一小灾，五年一大灾”的水患及地质灾害就是明显的例证。如果人们通过尊重自然、顺应自然、保护自然的一系列活动，利用自然资源优势发展生态经济，将劳动、资本、土地、知识、技术、管理、数据等生产要素组织并使用起来，生态优势就会转化为经济优势，也就能够更好地满足发展需求和人民日益增长的优美生态环境需要。

人有负青山，绿水青山保护不好、利用不好，就是“穷山恶水”；人不负青山，绿水青山保护好、利用好了，就是金山银山。这实质上也是保护、发展、分配三者之间的协同关系，非常典型地体现为生态环保、经济发展和脱贫攻坚三者之间相辅相成、相互转化的关系。

新农村建设正在从最初的以经济发展为目标为龙头的一元化、片面式的重项目轻设施、重建筑轻环境的发展道路，逐步走向以城乡二元协同、重视乡村整体发展为目标的多元化综合性的改造推进方式转变。这种整体性已经从乡村的基础设施建设、人居环境改善、文化保护与复兴，关联到乡村的产业经济振兴与社会制度建设等。其中，改善乡村居住环境和基础设施条件是各地方政府普遍采用的首选措施，各地均从环境改善入手，在此基础上进一步推进经济、社会与文化的全方位复兴。

第五节　和谐社会理论

良好的生态环境是人和社会持续发展的基础。2016 年 1 月 18 日，习近平总书记在讲话中指出“着力推进人与自然和谐共生”，人类发展活动必须尊重自然、顺应自然、保护自然，否则就会遭到大自然的报复，这个规律谁也无法抗拒。人因自然而生，人与自然是一种共生关系，对自然的伤害最终会伤及人类自身。生态环境没有替代品，用之不觉，失之难存。环境就是民生，青山就是美丽，蓝天也是幸福，绿水青山就是金山银山。十九大报告指出，我们要建设的现代化是人与自然和谐共生的现代化，既要创造更多物质财富和精神财富，以满足人民日益增长的美好生活需要，也要提供更多优质生态产品，以满足人民日益增长的优美生态环境需要。这就要求我们在美丽乡村建设的过程中牢固树立“绿水青山就是金山银山”的生态文明建设理念，以人民为中心，让更多的百姓享受“碧水蓝天”。

“稻渔共生”这种生态种养模式，在我国南方一些地区已有上千年的历史传承。然而，想在黄土高原打造出一番鱼米之乡的盛景，简单复制粘贴，很可能水土不服。宁夏贺兰县“稻渔空间”的探索之路，则为当地开拓以生态循环为基础的现代化农业做出了有益尝试。

从抬土降盐，到蟹、鱼、鸭入田，再到自产有机肥的节水生态循环系统，“稻渔空间”

的发展之路充满了坎坷，但其所走的每一步都踏在了生态循环、可持续发展的鼓点上。在这里，稻田为鱼、蟹、鸭提供了丰富的食物，鱼、蟹、鸭则为稻田清除虫害和杂草，减小了农药的副作用；反过来，鱼、蟹、鸭的粪便又为稻田的生长提供有机肥料，减少了化肥的使用，使得土地不被污染板结。稻、蟹、鱼、鸭等和谐共生，昆虫、杂草和粪便都成了可利用的天然资源，一切从自然中来，到自然中去。通过不断的实践和摸索，一水多养、一田多产、循环利用的模式不仅成功改善了土质，节约了用水量，更把可持续性生产做成了一幅摆在众人眼前的真实效果图。

要做好现代化农业，衍生产业链、推动三产融合发展是必要的。其中，生态和经济效益双赢、实现循环可持续发展是关键。“稻渔空间”通过对原有稻田、鱼塘及田园景观重新规划设计，整合农业、渔业、休闲旅游各类资源，形成了跨产业的生产和经营模式，开拓出更广阔的发展空间。真材实料的有机大米价格比原先翻了5倍以上，从根本上让农民收入有了保证。鱼、蟹、鸭不仅是生态循环中的重要环节，也是旅游观光的最佳“代言人”，更成了帮助当地农民多产、多收的有效途径。万人追捧的观光农业，千人受益的农田学校，百人参与的“粮食银行”、合作社，让农民们愿意留在家乡，奉献于此，受益于此。

“稻渔空间”的经营者赵建文时常重复一句话：“不论稻子、鱼鸭，还是水和土壤，都有自己的脾性，你要了解它们，顺应它们，为它们找到最合适的发展环境，它们才会为你所用。”朴素的表达背后，是一种注重自然、生物与人协同共生的发展理念。也正因如此，“稻渔空间”才得以在现代化农业转型升级的浪潮中奔涌而出，乘着乡村振兴的东风，使当地的经济发展潜力得到释放、生存环境得到优化、人民生活水平得到不断提高。

从开拓以生态循环为基础的现代化农业，到推动三产融合，拓展农民增收渠道，“稻渔空间”的成功，既是对“绿水青山就是金山银山”的最好注解，又反映出解决问题必须因地制宜、实事求是的科学精神。发展生态农业，建设美丽乡村，只有做到“追求人与自然和谐”“追求绿色发展繁荣”“追求热爱自然情怀”与“追求科学治理精神”相统一，才能筑牢生态文明之基，走好绿色发展之路。

第二章 国内外美丽乡村环境空间建设现状

第一节 我国美丽乡村建设现状

20世纪30年代著名的农学家董时进在一篇文章中说："我素来认为要知道乡村的秘密和农民的隐情，唯有到乡下去居住，并且最好是到自己的本乡本土去居住……希望藉着居住，自然而然地认识乡下。"在他那个年代，村民的公共生活活跃在乡村的宗祠里，在村口的大槐树下，在村公所的院子里……只要往那里一坐，便坐拥乡村的核心。

但如果现在董时进再去乡村的话，他可能要改变想法。现在很多乡村村民活动的公共空间建设几乎是一个空白，乡村宗祠等传统公共议事场所遭到毁弃，村民没有地方议事聊天，甚至有的村连村口的老槐树也被城里的房地产商出价搜罗挖走。特别是在经济较为不发达的中西部地区，这种情况更加严重。

在利益诉求和政策杠杆的撬动下，现在情况在悄悄改变。在经济发达地区，地方利益的分配矛盾日益显现，成为很多乡村的公共议题之一。当这些议题得不到公正解决时，情绪就会发酵成社会诉求。譬如广东的乌坎村，因现实利益缺乏公正分配，导致群体事件，最终实现了村领导直选。一人一票，选举所在地就在乌坎小学。由自下而上的社会压力让学校这个教书育人的建筑空间，临时变身为村公所和议事厅。

除了这种因突发事件引起的建筑空间性质的变化，另外一种情况是，知识分子介入乡村建设而引发的废弃建筑重新被激活。2010年，艺术家欧宁在笔记本上写下的《碧山计划》草稿，是长期以来对农村问题的思考、对乌托邦的研究、对皖南及其乡建计划的一些构思。次年8月，欧宁邀请了一群艺术家、诗人、设计师到访安徽黟县碧山村，举办了碧山丰年祭。仪式在村里的祠堂举行。当天还上演了由村民自我表演的"出地方"。凋敝依旧的祠堂成了公共娱乐中心。

以上两种是临时性的变身。另外一位乡建活跃分子——孙君，他在湖北五山村建立起了永久性的公共精神性空间：茶坛。茶坛建在一座小山包上，站在这里可以俯瞰万亩茶园。建坛取五座山顶峰之土各九斤，用五河之水各九斤，采当年之头茶上中下品各九斤九两九钱九分……填埋在茶坛正中，极其庄严神圣。孙君也曾坦言：建筑仪式的神秘化，有利于凝聚村人信仰，重塑乡村精神核心，最终是为了发展茶叶经济。

无论是乌坎的自发型的乡村公共空间突变，还是碧山村与五山村因知识分子的介入重塑了乡村的公共空间，都在表明，对于乡村治理，以往的威权式的统治已经不再适合。村民有自我治理能力，在有经验的乡建专家的指引下，这种治理能力会迅速成长，乡村公共空间会越来越多，届时会有村集体成为实验建筑师的甲方，正式设计建造村民的议会小楼。

目前我国主流美丽乡村建设依然是采用自上而下的运动方式，依靠政府、民间组织以及设计师、艺术家的力量进行乡村的建设与改造。然而，当前的城镇化进程已经极大地破坏了乡村原生社会状态，此类更新方式虽然在一定程度上使乡村风貌得到改观，但也极易导致农民参与的空间受到压缩，使美丽乡村建设失去根基。建筑师赵善创认为，美丽乡村建设主要需要考虑“去”“留”“改”“增”四类更新模式，仅仅依靠外部力量推动是不足以促使乡村形成自我更新的。自下而上的村民自发参与的社区建设方式才是美丽乡村建设需要关注的重点。将“自下而上”和“自上而下”的更新方式相结合，才能构成完整的美丽乡村建设模式，确保乡村社区的可持续发展。

一、我国美丽乡村建设现状及实例分析

（一）美丽乡村建设总体分析

早在2008年，浙江省安吉县结合省委“千村示范、万村整治”的“千万工程”，在全县实施以“双十村示范、双百村整治”为内容的“两双工程”的基础上，立足县情提出“中国美丽乡村建设”，计划用10年左右时间，把安吉建设成为“村村优美、家家创业、处处和谐、人人幸福”的现代化新农村样板，构建全国新农村建设的“安吉模式”，被一些学者誉为“社会主义新农村建设实践和创新的典范”。2010年6月，浙江省全面推广安吉经验，把美丽乡村建设升级为省级战略决策。浙江省农业和农村工作办公室为此专门制订了《浙江省美丽乡村建设行动计划（2011—2015年）》，力争到2015年全省70%的县（市、区）达到美丽乡村建设要求，60%以上乡镇整体实施美丽乡村建设。近年来，浙江美丽乡村建设成绩斐然，成为全国美丽乡村建设的排头兵。如今，安徽、广东、江苏、贵州等省也在积极探索本地特色的美丽乡村建设模式。

2013年7月，财政部采取一事一议奖补方式在全国启动美丽乡村建设试点，进一步推进了美丽乡村建设进程。7个重点推进省份积极启动试点前期准备工作，统筹美丽乡村建设与一事一议财政奖补工作，认真谋划试点方案，各级财政计划投入30亿元，确定在130个县（市、区）、295个乡镇开展美丽乡村建设试点，占7省县、乡数的比重分别为25.7%、3.7%，1146个美丽乡村正在有序建设之中。

一是加强组织领导，明确牵头部门。浙江、安徽、广西等省区都将美丽乡村建设作为“一把手”工程，试点县市成立了主要领导任组长，相关部门共同参与的美丽乡村建设领导小组及办事机构。福建省将美丽乡村建设纳入干部考核和对乡村目标管理考评，作为评价党政领导班子政绩和干部选拔任用的重要依据。

二是加大投入整合力度，引导社会资金多元投入。七省份积极调整支出结构，统筹存量、盘活增量，努力增加美丽乡村建设试点专项预算安排。安徽省从2013年起，省本级每年安排10亿元美丽乡村建设专项资金，要求每年市级安排不少于5000万元、县级不少于1000万元，主要用于中心村建设和其他自然村治理。福建省在各级投入3.28亿元试点资金的基础上，又追加4亿元美丽乡村建设资金。重庆市整合农村公益性基础设施补助、农村文化建设补助、村卫生室医疗设备及网络维护补助等资金，专项用于美丽乡村建设项目的运行管护。福建省永春县投入5000万元，推行“金佛手——美丽乡村贷”，撬动信贷资金近3亿

元。安徽省7个市设立了美好乡村建设投融资公司，融资12.3亿元；宣城市、铜陵市引导各类企业投入资金1亿多元。

三是因地制宜，探索美丽乡村建设模式。从试点情况看，主要包括四种类型。①聚集发展型。对明确作为中心村的，完善水、电、路、气、房和公共服务等配套建设。浙江省永嘉县将楠溪江沿岸的岩头镇等3个乡镇15个村进行整体规划，将地域相近、人缘相亲、经济相融的村庄成片组团，引导农民向中心村和新社区适度集中，建立新型农村社区管理机制。②旧村改造型。通过村内道路硬化、路灯亮化、绿化美化、休闲场地等设施建设，促进村庄整体建筑、布局与当地自然景观协调。③古村保护型。对自然和文化遗产保留完好、原有古村落景观特征明显、保护开发价值较高的古村落，以保护性修缮为主。安徽省黄山区在对永丰、饶村、郭村等几处古村落的传统街巷格局与形态、地貌遗迹、古文化遗址、古建筑、石刻等文化遗存进行重点调查的基础上，积极完善村庄道路、水系、基础设施和配套设施，按照修旧如旧的原则，提升村庄人居品位。④景区园区带动型。贵州省安顺市西秀区围绕建设屯堡及田园风光旅游乡村，在七眼桥镇本寨村、大西桥镇鲍屯村发展旅游业，加快推进景区沿线创建点的巩固提升，把景区沿线打造成文明秀美的人文景观通道。安徽省当涂县依托现代农业示范区建设，建设了松塘社区，探索出一条“旧宅变新房、村庄变社区、村民变居民、农民变工人”的美丽乡村建设之路。

四是注重规划实效，探索美丽乡村建设标准化体系。浙江省尝试以村级为主体编制试点规划，切实尊重村级组织和村民的主体地位，将规划费用补助下达到村。在政府引导、专家论证的基础上，美丽乡村建设规划由村民会议决策，避免出现“规划连村支书都看不懂”的问题。安吉县采取“专家设计、公开征询、群众讨论”的办法，将全县行政村进行差异化规划。2013年10月25日，该县通过了全国首个美丽乡村标准化示范区验收。重庆市通过梳理市级涉农项目建设情况，明确了87项建设管护标准，并计划用1年左右时间建成标准体系，为美丽乡村建设标准化提供借鉴。海南省以澄迈县为基础制定了全省美丽乡村建设试点标准。

五是加强制度建设，促进规范管理。安徽省制定了《财政支持美好乡村建设专项资金使用管理办法》《财政引导社会资金参与美好乡村建设的意见》和《整合涉农资金支持美好乡村建设的意见》。省财政厅还会同有关部门，对部门掌握的可整合资金拟订了20项具体办法，初步构建了“资金分配规范、适用范围清晰、管理监督严格、职责效能统一”的管理制度体系。重庆市修订了一事一议财政奖补项目资金管理办法，专门制定了《美丽乡村试点资金管理办法》和申报文本。福建省明确美丽乡村建设试点资金严格遵守一事一议财政奖补相关规定，实行专户专账管理，并通过信息监管系统实现实时在线监控。

（二）按三大区域分析

我国地域广阔，区域文化经济发展等方面差异较大。这些历史形成的差异性一定程度上影响到各地农村建设的速度。结合各地发展状况可将我国农村区域总体划分为三个大的区域：东部地区、中部地区及西部地区。

我国东部地区自改革开放以来发展迅速。农村建设与当地经济高速发展，一起实现了从传统农业向农村经济产业化发展。改革开放以来，我国东部地区发展最为迅速均衡，实行了城乡共富裕。其最为根本之处在于，我国包括东部在内的沿海区域农村发展，以乡镇企业起步，脱离传统农业的范畴，由此展开从传统农业向第二产业和第三产业的过渡和深度发展。以东部省份浙江来说，东阳的花园村和乐清的长虹村具有一定的典型性。花园村在1990年就成立了村级工业公司，1993年成立花园集团公司，1996年将发展目标确定为高科技领域，同时与中国科学院等部门合作进行高科技产品的研发，从此走上产业结构调整之路。花园村摆脱穷山村面貌，形成医药化工、纺织服装、肉食加工、外贸出口、旅游休闲等多元格局。富裕起来的农村加强基础公共设施建设，建立和健全相关的医疗保障制度，科学规划乡镇，着手进行乡镇建设，关注生态环境，提升生活品质。浙江乐清的长虹村被打造成为“中国电器交易第一村”。长虹村在发展电器市场的过程中逐渐形成完整的产业链，在这个1.2km^2 的小渔村里建立了3家企业集团、27家股份制企业和200多个家庭工业车间。在电器市场的带动下，长虹村形成了运输业、广告业、信息业、加工业、出口服务业、餐饮业等多元化产业结构。产业结构多元化后，以前的农民极少以农业为业了，更多的人投入到第二、第三产业中。江苏江阴的华西村则是我国新农村发展不可复制的典范。

与东部地区地区农村发展不同，我国中西部的发展艰难而缓慢，既有地理环境的影响，也有历史原因。总体来说，西部区域农村人多地少，在寻求发展上并没有完全脱离农业产业，多围绕种植业展开其产业结构的发展，并依靠当地优势发展畜牧业，多采用小规模家庭式模式，经济上的受益也远远没法跟东部地区以集体或集团形式所获取的经济效益相提并论。由于发展规模有限，劳务输出成为剩余劳动力安置的最主要途径。青海湟中县苏尔吉村、西藏拉萨市藏热村及甘肃永晶县七坝村都具有这一特点。藏热村以奶牛养殖推动包括养鸭、养兔、豆腐制作等行业的发展，蔬菜种植方面实行了统一管理，对种子、化肥、农药进行统一服务。甘肃永晶七坝村主要采用温室大棚种植反季蔬菜，啤酒大麦种植形成一定规模。围绕农牧业发展起来的行业在发展中同时催生了包括运输、旅游等相关行业。

我国中部地区的发展较西部多样，但第一产业仍在经济结构中占重要比例。很多地方能够充分利用科学技术发展现代农业，实现农业生产产业化。现代农业除了机械化生产外，同时也呈现出从传统粮食作物种植向经济作物种植业发展，如种植花卉、绿色果蔬等，并在此基础上形成观光旅游型生态农业模式。以湖北武汉黄陂区武湖街为例进行分析。黄陂区武湖街地处武汉市三环和外环之间，天兴洲长江大桥、阳逻长江大桥、天河机场、阳逻深水国际港为其构筑了水陆空立体交通运输网络，其辖区国土面积7.76km^2，人口5.2万。武湖街属于典型的城郊块的次经济区域，经济类型仍以传统的农业生产为主，对城市依赖性较大。“十一五”期间，武湖街确立农业生态化的发展方向。自2005年起，包括现代蔬菜园、武汉农科院、湖北农业新品种新技术展示和研发基地及一批科技种业公司进驻，同时加快向外走引进来步伐。2008年创立的“黄陂台湾农民创业园”，成为中部地区第一家台湾农民创业园。该园规划面积240km^2，涵盖黄陂区包括武湖农场在内的几个街道。该园区在后续建设中逐渐建成为国家4A级“农耕年华”体验模式的旅游生态景区。我国台湾农业现代化的先进经验带动武湖街农业从传统的以生产种植为主转向科学化、生态化的道路。到2009年，该园区已经进驻台资企业7个，投资额达2.1亿元，形成了水禽水产、蔬菜水果和花卉苗木、食品饮料等生产加工基地。农产品深加工及其相关工业产值达到21亿元。2012年，武湖街辖区已经呈现出以生态农业为主，加工生产配套进行的多元化发展态势。“精武鸭脖”“弘毅钢构”“仟吉西饼”“雨润花都”等1100多家具有区域影响力的企业相继入驻武湖，形

成武汉市以汉口北为核心的新的经济区域。而诸如中国家具CBD、五洲国际建材城、中农农机大世界、长江金属交易中心以及中楷医药等企业的进驻，就地解决了从土地上富余出来的剩余劳动力。

对于中西部地区来说，除政府政策上的倾斜扶持作用外，一般多依靠自身在地理位置上的优势获得更多的发展先机。所以，那些在交通枢纽有效范围内的乡镇往往具有较活跃的经济行为，外来投资也会更多。而这一点在东部地区或沿海一带影响性并不显得特别突出。

二、当前我国美丽乡村建设存在的主要问题

通过对首批试点省份的实地调研和座谈分析，目前我国的美丽乡村建设还面临一些困难和问题，需要引起各级政府重视并在实践中积极探索解决这些问题的方法和路径。

（一）认识不够，思想不统一

由于对美丽乡村建设认识不够，不同层级政府和不同职能部门在具体实施或参与美丽乡村建设时所表现出的积极性和行动力必然不同，难以形成建设合力，达成整体联动、资源整合、社会共同参与的建设格局。

对于美丽乡村建设，不能仅仅停留在“搞搞清洁卫生，改善农村环境”的低层次认识上，更不能形成错误观念，认为它只是给农村“涂脂抹粉”、展示给外人看的，而应该提升到推进生态文明建设、加快社会主义新农村建设、促进城乡一体化发展的高度，重新认识美丽乡村建设。开展美丽乡村建设，是贯彻落实党的十九大精神、实现全面建成小康社会目标的需要；是推进生态文明建设、实现永续发展的需要；是强化农业基础、推进农业现代化的需要；是优化公共资源配置、推动城乡发展一体化的需要。诚如习近平总书记在党的十九大报告中所提出的实施乡村振兴战略，要坚持农业、农村优先发展，加快推进农业、农村现代化；要坚定走“生产发展、生活富裕、生态良好”的文明发展道路，建设美丽中国，为人民创造良好的生产、生活环境。建设美丽乡村是亿万农民的中国梦。作为落实生态文明建设的重要举措和在农村地区建设美丽中国的具体行动，没有美丽乡村就没有美丽中国。可以说，开展美丽乡村建设，符合国家总体构想，符合我国城乡社会发展规律，符合我国农业农村实际，符合广大民众期盼，意义极为重大。

（二）参与部门多，组织协调难度较大

美丽乡村建设是一项系统工程，需要各级政府、各个相关部门以及社会力量的积极参与。但是，在具体实施中由于缺乏统一的组织协调机构，美丽乡村建设往往缺乏顶层设计和统一的政策指导。

浙江安吉县美丽乡村建设行动早，探索积累了一套比较成熟的经验。安吉县在美丽乡村建设中，明确了不同政府层级之间的职责定位，理顺各自责权关系，既避免不同层级之间的职权交叉，造成政府管理的错位和越位，影响工作的开展，又避免权责出现“真空”，造成政府管理的缺位，导致某些事项无人负责。县级政府主要负责美丽乡村总体规划、指标体系和相关制度办法的建设、对美丽乡村建设的指导考核等工作；乡级政

府负责整乡的统筹协调，指导建制村开展美丽乡村建设，并在资金、技术上给予支持，对村与村之间的衔接区域统一规划设计并开展建设；建制村是美丽乡村建设的主体，由其负责美丽乡村的规划、建设等相关工作。同时，理顺部门之间的横向关系，对各部门的责任和任务进行量化细分。安吉县根据美丽乡村建设规划和任务，建立了美丽乡村考核指标和验收办法，将一项项指标落实到每一部门，由部门制定指标内容和标准，并对该项建设负总责，同时参与由美丽乡村建设办公室组织的考核验收，有效破解了“九龙治水水不治”的困局。

（三）重建设轻规划的现象比较突出，项目建设规划和标准缺失

一些地方在美丽乡村建设试点中，注重硬件设施建设的多，但不注重美丽乡村建设的总体规划和长期行动计划的科学制定，导致同质化建设严重、特色化建设不足，短期行为多、长远设计少，以及视野狭隘，缺乏全域一体的建设理念。

安吉县等地之所以美丽乡村建设效果显著，与其重视规划引领建设不无关系。总结其实践经验，做好美丽乡村建设规划，需要注意以下几点。首先，美丽乡村建设规划做到统筹兼顾、城乡一体。编制美丽乡村规划要坚持“绿色、人文、智慧、集约”的规划理念，综合考虑农村山水肌理、发展现状、人文历史和旅游开发等因素，结合城乡总体规划、产业发展规划、土地利用规划、基础设施规划和环境保护规划，做到“城乡一套图、整体一盘棋”。其次，做到规划因地制宜。譬如，安吉县在编制《中国美丽乡村建设总体规划》和《乡村风貌营造技术导则》时，按照“四美”标准（尊重自然美、侧重现代美、注重个性美、构建整体美），要求各乡镇、村根据各自特点，编制镇域规划，开展村庄风貌设计，着力体现一村一业、一村一品、一村一景，按照宜工则工、宜农则农、宜游则游、宜居则居、宜文则文的原则将建制村分类规划，将全县的建制村划分为工业特色村、高效农业村、休闲产业村、综合发展村和城市化建设村五类。第三，尊重群众意愿。安吉县美丽乡村建设规划设计，按照“专家设计、公开征询、群众讨论”的办法，经过“五议两公开”程序（即村党支部提议、村两委商议、党员大会审议、村民代表会议决议、群众公开评议，书面决议公开、执行结果公开），确保村庄规划设计科学合理，达到群众满意。第四，注重规划的可操作性。为了把规划蓝图落地变成美好现实，就必须把规划内容分解成定性定量的具体内容，转化成年度行动计划，细化为具体的实施项目。第五，配套制定美丽乡村建设标准体系。为了更好地落实和执行美丽乡村建设规划，还必须研究制定美丽乡村建设标准体系。通过标准体系的配套实施，确保美丽乡村建设的质量和效益。

（四）政府唱独角戏，市场机制和社会力量的作用发挥不够

许多地方在进行美丽乡村建设时，没有积极探索如何引入市场机制、发挥社会力量作用，而是采取传统的行政动员、运动式方法。尽管一些设施（如垃圾处理、生活污水处理设施等）一时高标准建成了，却难以维持长期运转，缺乏长效机制。尤其是政府主导有余、农民参与不足的现象比较普遍，农民主体地位和主体作用没有充分发挥，以致部分农民群众认为，美丽乡村建设是政府的事，养成“等靠要”思想。这就难免会出现美丽乡村建设“上热下冷”“外热内冷”的现象，甚至出现“干部热情高，农民冷眼瞧，农民不满意，干部不落好”的情况。其主要症结就在于农民群众的积极性没有充分调动起来，农民群众的主体作用

没有发挥出来。所以，美丽乡村建设必须明确为了谁、依靠谁的问题，要充分尊重广大农民的意愿，切实把决策权交给农民，让农民在美丽乡村建设中当主人、做主体、唱主角。在20世纪的二三十年代，我国曾有一大批知识分子来到农村，进行乡村建设实验，但当时的乡村建设之所以没有显著长效，一个主要原因便是没有注重调动起广大农民的积极性，乡村建设的主体发生了错位——建设主体不是生于斯长于斯的农民群众而是城里来的社会精英，不可避免地形成“乡村运动、乡村不动”的悖论。

（五）农村产权制度改革、乡村社会治理机制改革等“软件”建设不同步，美丽乡村建设局限于物质建设和生态环境建设狭小范畴

美丽乡村建设不是“做盆景”“搞形象”，更不是“涂脂抹粉”。美丽乡村不仅要有令人惊艳的“形象美”，让人一见钟情；更要有“内在美”，让人日久生情。不能停留于外在形态上，更需要通过内涵建设来体现乡村特色；不能简单地停留在农耕文化保护上，而是要放在统筹城乡、推进城乡现代化的历史大进程之中。

美丽乡村建设不能局限于硬件设施的建设、公共文化服务的改善、生态环境的优化这样一些物质和技术层面，还要深入到体制机制层面，着力在农村产权制度改革、乡村社会治理机制创新上积极探索，真正融入到农村经济建设、政治建设、文化建设、社会建设各方面和全过程，最终建成具有中国特色社会主义的新农村。

三、美丽乡村建设要妥善处理的几个关系

美丽乡村建设涵盖了农村生产、生活、生态等方方面面的内容，运用一事一议财政奖补政策平台推动美丽乡村建设，应按照以人为本、尊重农民主体地位，规划引导、突出地域特色，试点先行、重点突破，多元投入、整合资源，以县为主、统筹推进，改革创新、完善制度机制的原则要求，妥善处理好几个方面的关系。

（一）处理好政府主导与农民主体之间的关系

村庄不仅是农民的居住地，也是农民生产生活的重要场所，农民是美丽乡村的主人。建设美丽乡村，政府是主导，农民是主体，村里的事要由农民说了算。政府的主要作用是编规划、给资金、建机制、搞服务，不能包办代替，不能千篇一律，不能强迫命令，更不能加重农民负担。要探索建立政府引导、专家论证、村民民主议事、上下结合的美丽乡村建设决策机制。

美丽乡村建设不是给外人看的，而是要让农民群众得实惠，给农民造福。美丽乡村建设不能仅仅成为城里人到乡村旅游休闲的快乐“驿站”，而是建成广大农民群众赖以生存发展、创造幸福生活的美好家园。美丽乡村建设的最终目的是让生活在本地的农民提升幸福指数。评价美丽乡村建设的根本标准是增进农民民生福祉，让农民真正享受美丽乡村建设成果；推进生态文明建设和提升社会主义新农村建设。因此，从规划、建设到管理、经营，自始至终都要建立农民民主参与机制，从而保障政府规划建设的美丽乡村和农民心目中想要的美丽乡村相统一，而不是政府的一厢情愿，更不能沦为显现政绩的形象工程。通过一定的群众参与机制，切实让农民成为美丽乡村建设的主体，真正拥有知情权、参与权、决策权、监督权，

真正共享美丽乡村建设的成果。

（二）处理好政府与市场、社会的关系

美丽乡村建设投入大，不能靠政府用重金打造“盆景”，不能靠财政资金大包大揽，否则不可持续，也无法复制推广。要发挥市场配置资源的基础性作用，以一事一议财政奖补资金为引导，鼓励吸引工商资本、银行信贷、民间资本和社会力量参与美丽乡村建设，解决投入需求与可能的矛盾。

建立有效的引导激励机制，鼓励社会力量通过结对帮扶、捐资捐助和智力支持等多种方式参与农村人居环境改善和美丽乡村建设，形成“农民筹资筹劳、政府财政奖补、部门投入整合、集体经济补充、社会捐赠赞助”的多元化投入格局。

对美丽乡村建设中的一些具体项目（譬如乡村垃圾的收集、运输和处理）的实施，要积极探索通过政府购买的方式，交由企业或市场去运作，形成长效运行机制。村庄内部的公共服务设施的维护和运行，也需积极发挥村民自治和社会组织的作用，大力培育和发展乡村社会组织，探索农民自我组织、自我维护、自我管理的社会民主治理机制，最终形成“政府引导、市场运作、社会参与”的美丽乡村建设新格局。

（三）处理好一事一议财政奖补与美丽乡村建设的关系

并不是所有的乡村都能建成美丽乡村。美丽乡村要建，更多村庄的基本生产生活条件和人居环境也急需改善。要结合农村建设的规律，把一事一议财政奖补资金的基数部分用于改善农民的基本生产生活条件和人居环境，而将增量重点用于美丽乡村建设，两者并行不悖。要以普惠保基本，以特惠保重点，妥善解决好重点投入与普遍受益、面子与里子、锦上添花与雪中送炭的关系。

对于美丽乡村建设给予的一事一议奖补资金，也主要用于对美丽乡村建设中的制度创新的激励，而不是用于一般性的硬件设施的建设；同时，要运用好一事一议奖补资金，引导和撬动社会资本的投入。

（四）处理好统一标准和尊重差异的关系

我国地域广大，发展不平衡，各地情况千差万别，必须因地制宜，尊重差异，保持特色。在此基础上，对规划编制、资金项目规范管理、建设标准等应有一些一般性的统一要求。源头上规范，嵌入式管理，防止各行其是，五花八门。牢固树立规划先行、无规划不建设的理念，健全美丽乡村建设规划和标准体系，逐步将标准化工作嵌入美丽乡村建设全过程。

美丽乡村建设除了做好标准化、均等化的基本性公共服务以外，还要在乡村特色上做文章，切实把一些具有特色的古村落保护好，把乡村非遗项目传承好，把优秀的乡村文化发扬光大，而不是简单地用同质化的建设标准裁剪、改造乡村。

（五）处理好牵头部门与其他部门之间的关系

美丽乡村建设是各级各部门的共同责任，越多部门参与对工作开展越有利，要在党委政

府领导下相关部门各司其职，各尽其责，有为才有位。在推动美丽乡村建设时，整合相关部门的资源，形成建设合力，把各种分散在各个部门中的惠农资金统一整合到美丽乡村建设平台上，使之发挥最优效益。

（六）处理好美丽乡村“硬件”建设与“软件”建设的关系

美丽乡村既包括村容村貌整洁之美、基础设施完备之美、公共服务便利之美、生产发展生活宽裕之美，也包括管理创新之美。在完善村庄基础设施、增强服务功能的同时，要努力深化农村改革，创新农村公共服务运行维护机制、政府购买服务机制、新型社区治理机制和农村产权交易流转机制等。在美丽乡村建设中同步推进相关改革，进一步破解城乡二元结构，释放农村发展活力与潜力，营造与美丽乡村相适应的软环境，把美丽乡村建设成为农民幸福家园。

四、在美丽乡村建设过程中生态环境问题形成的原因

在美丽乡村建设的过程中，一些地区的农村生态环境仍存在垃圾围村、污水横流、民俗旅游污染防治设施配套不足、畜禽养殖污染严重等问题。出现这些问题的原因有以下几点。

（一）缺乏统筹规划引领

一些地区对农业产业发展及其污染治理缺乏全面统筹规划，已开展的村庄规划编制对特色民俗旅游资源整合不到位，缺乏对环境承载能力的科学评估和选址规划，导致民俗旅游设施生态环境问题突出；垃圾集中投放点规划不科学，相关措施不配套，部分农村垃圾未进入收集转运体系，对规模以下经营性养殖户的污染治理也缺乏规范指导。

（二）缺乏投入保障机制

一方面，没有将农村生态环境治理资金纳入各级财政资金支持的重要科目，有治理设施建设而无设施运行维护资金预算、有污染处理设施建设而无配套污水管网或垃圾收集转运系统建设资金预算等现象较为普遍；另一方面，在推进农村生态环境治理市场化改革方面，社会资本参与度低，治理资金投入缺乏。

（三）缺乏技术标准支撑

目前，适合广大农村地区且成熟的污染治理和农业废弃物资源化技术仍显缺乏。一些地方简单引用城市污染治理的环境排放标准体系，或是选用的治理技术繁复，难以消化掌握，大大影响了农村治污设施运行的有效性、稳定性和经济性。

此外，在全国综合执法改革中，对农村生态环境监管行使统一执法权的责任部门一直处于缺失状态，农村地区的环境违法行为难以得到有效监管；加之农村生态环境治理的目标责任体系尚未有效建立，管理中存在责任认定、追责和问责困难的状况。

过去的乡村更新，一方面使乡村逐步走上现代化，乡村的设施水平和生活质量得以提升；另一方面由于缺少制度上的规范和方向上的引导，大量乡村建设给乡村风貌和空间环境

带来不少负面影响，生态环境破坏，地域特色缺失，乡村的人文衰落和社会关系瓦解，让人们反思乡村更新的设计初衷和价值追求。党的十八届三中全会提出乡村规划建设要以人为本，保护传统风貌，传承国学文化。国家在宏观政策上越来越重视城乡统筹、产城互动、生态宜居、和谐发展，经济、社会、自然、政治、文化“五位一体”成为指导乡村规划与空间设计的重要理念。受政策引导，乡村建设逐渐突破单纯的环境整治和基础建设，将产业升级、文化传承的有机更新作为重要的发展方向。在中微观层面的乡村空间设计上，生态保护、产业发展、生活提升、文脉传承、多元融合的设计理念也逐渐形成共识。在乡村空间设计实践中，除了地方政府和规划部门的参与，越来越多的非政府组织、高校研究团队、建筑设计人员甚至是艺术家等民间力量的介入，为乡村空间设计发展提供了多样的实践思路和参考经验。

第二节　国外美丽乡村建设现状

发达国家为减小城乡差距，提高农民收入，均大力开展过乡村建设活动。

一、欧美发达国家

欧美发达国家在经济发展初期普遍采取城市、工业优先发展的策略，而乡村成为城市化、工业化所需资源要素的供给地，导致城乡发展不平衡、不匹配；并且，强烈的生产主义逻辑和行为，迫使生产性农业以及生产主义乡村均遭遇了致命的危机，各国相继出现环境污染、交通堵塞、城市发展动力不足等问题。因此，欧美发达国家通过法律约束、政策支持以及社会力量等，优先支持乡村全面发展。其具体措施如下。

（一）保护历史古迹，传承特色文化

乡村发展规划注重保护历史、传承文化。一方面，对历史价值较高、文化底蕴深厚的古建筑加强保护与修缮，制订科学合理的设计和提升利用方案。另一方面，传承特色文化、民情风俗，融入现代理念、城市元素，为优秀的历史文化、特色民俗提供更广阔的生存发展空间。例如，历史悠久的法国葡萄酒文化，至今仍是法国的特色文化品牌。

美国和英国鼓励社会力量参与乡村历史文化保护，实现政府与社会团体协同发力。例如，美国联邦政府因地制宜地制定法律法规、政策条例等；而社会团体以宣传教育等方式参与其中，协调配合、互相补充、共同作用。英国最重要的志愿者组织之一国家信托基金会，在乡村历史文化遗产保护方面也发挥着举足轻重的作用。而德国和法国通过法律法规施加强制约束，如德国政府颁布《土地整理法》（1953），禁止拆除具有特色性、历史性、代表性的历史文化建筑；而法国政府通过《马尔罗法》（1962）等法律，明确规定要保护历史文化资源。

（二）合理规划乡村用地，保护原始生态环境

坚持生态保护、促进人与自然和谐的理念。通常举措为合理规划乡村用地、建立自然保

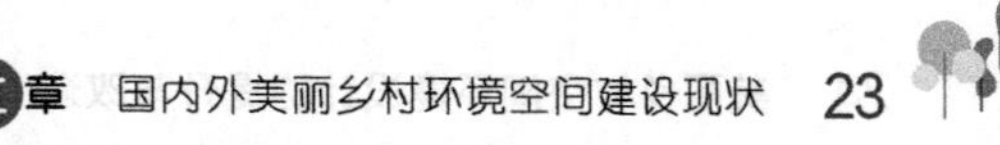

护区，并加强培养乡村居民生态环境保护意识，实现生态系统的长期稳定与均衡。例如，法国政府设立大量的自然保护区，坚守绿地、农村牧场等土地的最低限度，修复与维持乡村自然景观与绿色风貌；瑞士作为世界上生态环保相对较好的国家之一，将环保教育元素纳入职业教育体系，促使生态环保理念深入人心。

而美国政府注重政策法规等的约束力，如《清洁水法案》(1948)、《安全饮水法案》(1974) 等从根本上遏制了污染源的肆意破坏，而且《美国环保局公共参与政策》(1981) 给予了农民环境保护的基本指导。英国政府先后出台《城乡规划法》(1947)、《国家公园和享用乡村法》(1949)、《村镇规划法》(1968) 等法律，对乡村资源开发利用、城市与乡村边界、环境保护等做出严格规定。另外，英国社会环保组织是生态环保机制的重要参与主体，如1926年成立的乡村保护协会，对英国乃至整个欧洲的环境保护发挥了不可替代的作用。

（三）城乡协调互补，实现一体化发展

加大政策与资金向乡村的倾斜力度，通过城市带动乡村、工业推动农业促进一体化建设，实现乡村与城市发展节奏匹配、均衡稳定。一是加强公共基础设施的建设，包括供水、供电、通信、绿化等，保证乡村公共基础设施水平与城市平衡；二是完善乡村社会保障体系，促进乡村医疗卫生条件以及养老保障制度与城市接轨。

从19世纪末，美国开始其城市化，到20世纪50年代进入其城乡一体化阶段。在这一过程中，美国建立起发达的高速公路网络，该系统将全国联系起来。汽车工业和石油工业发展加速了城乡一体化，并逐渐出现了城市人口向郊区迁移。与此同时，制造工业衰落，第三产业崛起。虽然农业产值在国家生产总值中所占的比重很小，但美国一直重视农业和农村发展。80年代开始，美国用于农村开发的生物技术投入年均增幅达15.5%，现代农业、工厂化农业和观光农业成为美国现代农业的主要组成部分。高科技应用于美国农业生产中，诸如用计算机监测土壤、识别杂草和病毒等。农业生产与市场紧密联系。美国农业相关市场信息由美国农业部市场营销局和当地配备的农产品市场报价员及市场调查员提供。农产品出口方面，美国国会要求美国农业部每月对世界农产品供求情况进行分析和预测。农民根据市场信息经营管理农场，对生产和销售做出决定。其农业信息化程度高于工业。借助互联网，农民使用全国各地的政府农业中心、大学、科研院所和图书馆里的数据库，获得农业生产及农产品市场相关最新数据。20世纪末，美国家庭农场在数量上上升至89%，拥有81%的耕地面积、83%的谷物收获量、77%的农场销售额。这种集约规模化管理经营模式，使其农业产业结构调整进行很便利。

美国联邦政府还提高了对乡村医疗卫生以及养老保障的财力支持，同时动员社会各界力量，探索出多元化的养老模式：民间团体发起的多元化的居家养老模式、为不同健康程度提供不同的社区集中养老模式以及商业化程度比较高的专业机构养老模式等。而在《德国空间规划法》(1965) 的基础上，巴伐利亚州通过《城乡发展规划》(1965) 明确了“城乡等值化”概念，通过法律规定乡村居民享有与城市居民同等的生活条件、工作待遇。另外，英国政府颁布的《农村白皮书》(2000) 也强调健全乡村社会保障制度，目前英国农民拥有完善的健康服务体系。

（四）创新旅游模式，实现乡村旅游与休闲娱乐功能契合式发展

对资源要素进行合理配置、立足当地特色，由依靠传统农业生存转型升级为以现代旅游产业为依托；同时，将休闲娱乐等创新元素纳入其中。休闲娱乐功能与乡村旅游业融合发展模式是西班牙的首创，将乡村特色建筑改建成景区酒店，在对农场庄园进行规划的基础上充分发掘休闲娱乐项目：斗牛、奔牛、登山、农事体验等。并且，西班牙乡村旅游带来的经济效益高于海滨旅游。

而美国政府出台了《国家荒野和风景河流法案》(1968)、《国家走道系统法案》(1968)等政策法案，在促进美国乡村农场、牧场发展的同时探索出了新的农业经营模式——建立了“嗜好农场”等，为游客提供骑马、挤奶等休闲娱乐项目，实现了休闲娱乐与乡村旅游的融合。同一时期，英国政府颁布了《英格兰和威尔士农村保护法》(1968)，旨在将娱乐休闲功能纳入乡村发展的主要动力中。另外，法国政府通过《质量宪章》(1974)，对乡村旅游服务（如餐饮、住宿等配套措施）制定了严格的标准。

（五）加强乡村网络基础设施建设，推进农业现代化进程

强化互联网技术在乡村发展中的应用，改良传统农业生产经营方式及提高效率，推进农业现代化进程。例如，美国政府颁布的《美国复苏与再投资法案》(2009)，明确提出加强乡村通信与宽带建设；在此基础上，《农业提升法案》(2018) 中强调继续加强对乡村互联网建设的投入，很大程度上促进了互联网技术与农业生产经营的结合。而英国政府于 1978 年建立的乡村生态服务系统中包含了加强乡村就业信息网站以及网络服务等项目。并且，英国政府于 2013 年出台《农业技术战略》，旨在通过互联网技术进一步促进乡村发展。而德国政府为缩短乡村网络与城市的差距，于 2016 年推出“数字战略 2025”，引导社会资本参与乡村互联网建设，缓解城乡互联网发展的不均衡、不协调。

北欧的瑞典则采用由农民自己组织参与的合作社形式作为推进其农村发展的主导。这些合作社以行业进行划分，总共有 15 个行业，分别涉及农村奶制品、牲畜屠宰及养殖、粮食生产、林业发展等方面。农民自愿加入多个合作社，交纳一定股金，采取独自结算的方式，与合作社就农产品订购签订协议，不同的合作社会在不同领域中的不同阶段发挥作用，其所涉及的范围囊括农产品生产的所有环节。合作社同时负责给成员提供技术信息和市场信息。由全国各地合作社作为重要成员的农民协会与消费者协会、政府共同协定农产品价格，切实维护农民的利益。

德国的农村发展被纳入国家整体发展规划体系之中，以科学为指导确立农村可持续发展，并很好地保留村庄原有的文化历史特色，形成德国村庄独特的自然文化风貌。德国的农村建设主要从几个方面展开。首先，是农村基础设施建设。结合土地改革和相关法规，德国加大对农村基础设施建设，政府统一出资建造污水、固废处理设施，并实行收费。对于边远地区和经济不发达的地区，政府给予支助。其次，科学规划。村庄规划纳入国家整体规划，通过实施一系列项目推进农村产业结构调整和村庄城市化。最后，重视村庄形态、文化历史，新规划中注意处理好村庄的文化脉络，对旧建筑、生态环境等进行科学整治、有限改造。20 世纪 50～60 年代德国曾经片面追求建设新村庄。意识到失误后，德国制定法规，规定将保护村庄原有形态、有限度地改造老建筑和保护村庄的

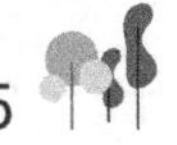

生态环境作为村庄设计和提升的主要任务。同时德国农村规划也实行了全民参与机制，对农村建设进行管理和监督。德国农村成为德国最具特色的地方。不同区域农村呈现不同的自然风貌和人文景观，而完善的基础设施、清新的空气、优美的环境，融入自然的生活品质，使得德国农村具有独特的魅力。

二、亚洲发达国家

第二次世界大战结束后，日本、韩国率先整顿国家经济、制定经济发展计划，着重发展工业、推进城市化。因此，日本于1955～1973年实现了长达18年的经济高速增长期。而韩国在1996年实现人均国民收入12000美元，进入发达国家行列。但是在此进程中，乡村大量劳动力资源向非农产业部门转移，出现了城市经济快速增长与乡村发展停滞并存的局面，导致城乡差距不断扩大、社会矛盾急速加剧。在此背景下，各国政府先后采取了相应的对策以振兴乡村，具体如下。

（一）引导城市工业向乡村转移，工农业融合发展

合理、适度的乡村工业是驱动乡村经济发展的主要动力之一，带来了就业岗位并促进农民收入提升。主要包括以下几点。第一，加大对乡村工业开发区的财力支持，并通过制定相关税收、贷款优惠等政策措施进行宏观调控，引导城市工业合理有序地向乡村转移。第二，注入高新工业技术，将其与农业生产的特殊性相结合，通过提供技术服务提高农业生产效率。第三，引导工农业部门融合发展，打造特色的农业生产经营链，实现农业生产与工业加工一体化服务。

20世纪50年代开始，日本政府开展了大规模的乡村工业化运动，并辅以完善的法律法规体系，如《农业基本法》（1961）、《低开发地区工业开发优惠法》（1961）、《建设新工业城市促进法》（1962）、《农村地区引进工业促进法》（1971）等，以此驱动乡村工业的发展。

韩国推行以乡村工业园区为载体的园区模式，政府引导乡村建设农产品生产与加工工厂，并且引进新技术以提高生产效率，将传统农业模式转型升级为集生产、加工、销售等为一体的新型经营模式。另外，以色列一直将最新的工业技术引入农业生产活动中，如滴灌技术等，促进劳动生产率提高以及农业产出高速增长。

从20世纪70年代开始，韩国的“新村运动”经历了三个阶段。在三个阶段中，韩国政府从初期进行农村项目开发、工程建设及农村教育、投资公共设施建设等方面改善农村生活环境和生活质量，缩小城乡差别，发展为鼓励农村发展相关农业产业。在前期政府工作及教育的基础上，“新村运动”形成了以农民主导发展的模式。农业科技推广、农村教育、农村经济研究、农民协会等民间组织在新农村建设中发挥主导作用。同时，在“新村运动”中，韩国政府注重文化建设，倡导勤勉、自助、团结、奉献精神。这一文化内涵在“新村运动”中逐渐渗透到城市，从而在韩国确立起民族自立、身土不二、事业报国的国民精神。经过新村运动，1993年韩国人均国民生产总值（GNP）达7660美元，农村居民人均收入达到城市居民的95%，农村居民的恩格尔系数为21%。

（二）完善社会保障制度，实现乡村经济社会的持续稳定

完善农民养老保险制度，不断提高年金制度的正向效应，保障乡村老年人的基本生活需

求。典型模式为新加坡政府推行的储蓄积累型养老保险制度，农民通过储蓄积累型养老保险机制，确保年老时的基本生活需求；并且，通过《中央公积金法》(1955)、《父母赡养法》(1995) 等给予其法律保障。

另外，日本和韩国的农民养老制度建立较早且体系完善。例如，日本推行双层结构制度，第一层是强制性的国民年金，通过《国民年金法》(1985) 保障全体社会成员享受同等条件的养老保险政策；第二层次为自愿加入的基金制。双层结构包含 4 种项目：国民年金、共济年金、国民养老金基金、农民年金。以法律作为保障的多元化的养老保险模式，基本满足了乡村养老保险需求。

（三）改善乡村基础设施与居住环境，提升乡村居民生活品质

一方面，强化基础设施建设。重新规划交通网络及道路桥梁建设，提升水、电供应系统能力，并充分利用太阳能、风能等新型能源。例如，韩国政府开展“新村运动”，大规模修建桥梁道路等基础设施，动员农民共同建设“安乐窝”，进而改善乡村居住条件。通过“新村运动”，韩国农村基本实现现代化。

另一方面，改善乡村内部环境。一是禁止环境破坏行为，通过法律法规严格控制废弃物的无序排放，并对违规行为进行严厉处罚，如日本《土地改良法》(1949) 明确了乡村振兴中坚持环境保护的基本原则。二是保护人文景观，如日本政府出台《城市规划法》(1968)，加强保护文化底蕴深厚的古建筑，保护历史财富。

（四）充分挖掘文化资源与自然禀赋，发展乡村旅游业

与欧美发达国家类似，亚洲发达国家也将发展乡村旅游业作为实现乡村经济发展的一条有效路径，其中典型代表为日本、韩国和新加坡。具体而言：日本通过“造村运动”，着重保护生态环境、美化乡村景观，并充分挖掘当地特色文化的潜在价值，形成乡村旅游发展的基础。韩国则通过“一人一村运动”，设立专家咨询系统，为乡村旅游发展存在的问题提供咨询、建议服务，从而有效化解乡村旅游业发展中存在的部分矛盾；同时韩国在发展乡村旅游方面更加注重其营销方式与宣传形式。而新加坡在几乎没有农业土地的背景下，借助高科技发展都市农业。现代集约的农业科技园以及垂直种植的方式，成为新加坡乃至世界比较独特的农业观光旅游资源，促进都市农业经济效益进一步扩大。

三、金砖国家（新兴经济体）

中国、俄罗斯、印度、巴西、南非作为新兴经济体，经济发展水平、发展阶段各不相同，但是在城市化进程中遇到了一些相似的难题：城市化吸引大量乡村资源要素流向城市，致使乡村经济社会处于低迷状态；同时，城市发展动力不足、城乡结构失衡的矛盾日益显现。在此背景下，除我国外的金砖国家各自采取相应措施，加快发展乡村经济。

（一）推进土地改革，解放乡村生产力

在乡村发展措施方面，金砖各国普遍开展不同形式的土地改革运动。例如，俄罗斯

政府对集体土地和国有土地实行股份制改革，集体和国营农场的普通职工持有农场的部分股份；随后，出台措施确保土地的自由流转，进一步促进农业生产者的积极性以及农业的现代化。印度政府则通过废除中间人制度、改革租佃制度，并规定土地持有规模的上限等，推行土地改革，进而解放农业生产力、提高生产效率。而巴西通过实行《土地法》(1964)，将地主土地分给农民所有，土地改革成效显著。另外，南非政府于20世纪90年代也推行了一系列土地改革法，通过土地改革确定新的生产制度，促进乡村经济社会发展。

（二）政府高度重视乡村发展环境，并以政策支持或者法律为保障

金砖各国能够清晰地意识到政府权威、财政资金对政策实施效果的重要性。因此，各国政府通过法律法规、政策条例等保障对乡村经济发展的支持与财力投入，在一定程度上改善了乡村发展的内外部环境。例如，俄罗斯政府通过《2013—2020农业发展和农产品商品市场发展规划》(2012)，对乡村企业、农业银行等提供资金支持、财政补贴，以此带动农业的快速发展，提高农民收入水平。另外，俄罗斯政府为应对国际油价冲击（2017)，缩减财政预算、减少各项财政投入，但对农业的财政投入与扶持力度并没有降低。而巴西政府同样以法律的形式为乡村发展的相关政策（农业信贷政策、农产品价格支持政策等）提供法律保障，如《巴西联邦共和国宪法》(1988）以及《城市法》(2001）等，对农民生活以及乡村发展做出合理规划，提升了乡村现代化治理水平。

（三）建立不同类型的合作社，并充分发挥合作社的技术与服务支持功能

金砖各国较为普遍的做法是成立农业合作社，通过农业合作社向农户提供农业生产经营所需的技术与服务支持，打造当地农产品销售渠道，在促进农业生产发展、增强农民的组织化水平以及提高乡村民主化程度等方面具有重要意义，也可以促进农民增收与生活质量提升。例如，巴西的农业合作社在实现农业产业化、供销一体化方面发挥了重要作用，并成立农场工人联合会、小农场主协会等社会组织，与农业合作社相互配合、协调，推动乡村经济转型与发展。而印度拥有世界上规模最大的农业合作社体系，以自愿加入、民主管理为基本原则，其特色体现在两点：政府财力支持其生产、加工、销售等环节协调发展；将农业生产合作社延伸到工业合作社，如化肥生产合作社等。

四、不同类型国家乡村振兴措施的特征

根据对不同类型国家乡村发展措施的分析可以得出结论：欧美发达国家从传统禀赋与现代元素两个维度着手；亚洲发达国家从注入内生动力与挖掘潜在价值两方面入手；而金砖国家普遍以土地制度改革为契机，逐步发展乡村。

第三节　国外经验启示

虽然各国所处的发展阶段不同、“反哺”的开始期不同、战略切入点不同，但都为快

速城市化进程中的城乡协调发展做出了有益的实践积累。从20世纪90年代开始，国内就有关于国外乡村建设的文献成果，如李水山、许泳峰对韩国的农业和新村运动的研究、许平对19～20世纪初法国农村社会转型的研究。党的十六届五中全会以来，社会主义新农村建设的研究和讨论达到了一个高峰。从2005年年底至今，各种网站、报纸、期刊上刊出的相关文章数以万篇计，其中研究国外乡村建设的篇章不在少数。本节通过分析国外乡村建设路径的差异，理性透视其成功经验的共同特性，以期为我国进行的新农村建设提出有效的借鉴经验。

一、差异分析

（一）反哺起点不同

工业反哺农业、城市反哺农村是一个基本的国际经济发展现象，这一现象的生成与经济发展水平及所处的阶段密切相关。美国的工业化是从消费品工业中的纺织工业，更具体地讲是从棉纺织业开始的，这就决定了农业的基础性地位。在此过程中，农业一直发展较快，不像欧洲和日本那样出现了农业衰退。1900年，美国工业产值已经超过了农业的2倍。同时，农场是美国农业的组成形式，农场数量在1935年为680万个，1974年减少为230万个，而平均占有面积由1935年的$62hm^2$（$1hm^2=10^4m^2$，下同）逐年上升至2002年的$176hm^2$。不难看出，美国的乡村建设是在工业化的强劲推动下进行的。而日本、韩国、印度等国家则不同。韩国的新村运动是在“住草房、点油灯、吃两餐”的条件下开始的。1932年，韩国人均国内生产总值（GDP）仅为82美元，农业增加值占GDP的43%，农业劳动力占就业人口的63%。全国250万农户中80%住茅草屋，只有20%的农户通电，5万个自然村只有60%通汽车。到20世纪60年代，韩国仍然是一个落后的农业国。日本工业化全面开展始于50～60年代，工业和非农产业迅速增长的劳动力中，一半以上由农村劳动力的大量转移得以补充，致使农村人口过疏、劳动力年龄偏大。1980年，日本从事农业的人均年龄男性为53.3岁，女性为51岁。同时，以个体农户为主的小农经济生产方式加速了农业的萧条和农村衰落。1980年，印度农村出现了大量的贫困人口，有3.17亿人生活在贫困线以下，其中2.6亿人生活在农村，占贫困人口总数的82%。不同的发展阶段、不同的经济起点，决定了各国在进行乡村建设时必然选择不同的反哺路径。

（二）路径选择不同

从20世纪初期开始，一些国家随着工业革命的演进和科学技术的进步，开始了农业现代化建设的推进。美国、法国、德国、加拿大等国家以提高土地和劳动生产率为目标，通过农业机械化的发展，以及科学技术的普及和推广，有力地促进了农业的增产增效。日本研制的遥感温室环境控制系统，可使$1000m^2$的温室每天产出500kg的蔬菜。以色列的节水农业，可使$1m^3$的水生产2.3kg粮食，水肥利用率达到80%～90%。各国立足本国国情和发展阶段，探索出了各具特色的农业发展道路。在解决城乡矛盾的问题上，美国和英国都采用新城镇开发的策略，以规划引导城乡人口的合理流动。20世纪60年代，美国实行“示范城市”计划，通过小城镇的发展引导大城市人口的分流，10万人以下的小城镇大约占到城市总数的99.3%。英国在1940～1970年间共建立了33座新镇，其中

英格兰和威尔士的24座新镇总共居住了230多万人、提供了100多万个就业机会。随后，新镇开发逐渐扩大到整个城乡区域，带动了广大乡村地区的发展。日本、韩国等国家的乡村建设则是以振兴农村发展为目的。日本“造村运动”的倡导者大分县前知事平松守彦提出“磁场理论”。他认为解决城乡矛盾的关键在于建立不亚于城市的农村磁场，只有通过振兴农村产业才能把青年人吸引在本地，才能促进农村经济的发展。他提倡开展的“一村一品”和“1.5次产业”[1] 建设策略，增强了农村经济实力。2002年，日本人均年收入达2.7万美元，高于美国的2.4万美元。韩国政府则以基础设施的扶持为抓手唤起民众的建设高潮，引导农村环境的改善和农村经济发展。二十多年里，农民收入增长了11.3倍，2005年达到3050万韩元。

（三）发展模式不同

乡村建设的根本就是为了实现工农协调、城乡统筹。不同的国家和地区采取了不同的发展模式，美、英等国的城市化带动模式、日本的中介组织推动模式、韩国的政府推动模式、德国的农村工业化模式等，均坚持实事求是、因地制宜、分类指导、逐步推进的原则。日本、韩国在新村建设的初级阶段以硬件反哺为主，重点是提高固定资产装备水平，加速农村建设，政策导向是为扩大再生产、改善生产、生活条件打下坚实基础；高级阶段则是采取软、硬反哺相结合，以软哺为主的方针，政策导向放在结构调整、扩大经营规模、提高农村组织水平，提高农民素质等方面。第二次世界大战后德国农村的发展，由于片面追求“功能”的运作，使乡村风貌大受损害。20世纪60年代末，德国开始在全国范围内实施村落更新计划，提出“城乡生活等值化”理念，农村的生态价值、文化价值、旅游价值、休闲价值都被提到与经济价值同等重要的高度上，提出“在农村生活，并不代表可以降低生活质量”，甚至提出“村庄就是未来”的口号。这种理念使德国村庄的活力和特色得以保持，也成功地将农民留在了土地上。

二、共性分析

在某种程度上，城市化必然伴随着大量的农村人口迁入城市，无论发达国家还是发展中国家无一例外。面对不可阻挡的城市化进程，处于不同发展阶段的国家都在探索实践着可以替代传统模式的城市化模式，归根结底就是实现农村人口就地城市化。其中，政府在乡村建设中的巨大推动作用、民众的广泛参与、体制保障与革新以及中介组织的培育等是各国乡村建设得以成功的不可或缺的因素。

（一）政府的推动与扶持

工业反哺农业的过程就是政府将工业剩余转化为财政收入，而后以发展政策的方式注入农业。所以，“反哺”本身就是政府行为。1975年，法国政府用于农业的财政支出达339.79

---

[1] “1.5次产业”是以农、林、牧、渔产品及其加工品为原材料所进行的工业生产活动，通过这个生产活动增加农产品的附加价值。这是因为日本在开展“造村运动”之初，将农产品生产的一次产业直接提高到加工业的二次产业是相对困难的，故而提出将农产品略作加工，以提高一次产品的附加值。

亿法郎，国家投资占总投资的73.9%。从1980年到1987年，法国政府农业财政投资由134亿法郎增加到269亿法郎。韩国政府从平均为每户提供4袋免费水泥用于基础设施建设开始，1970～1980年十年间，政府财政累计投入新村运动2.8万亿韩元，1992～2002年十年间，用于农业方面的投融资已达82兆韩元，其中中央政府支援62兆元，地方支持10兆元。巴西政府在1965～1985年用于农业的政策资金累计约2191亿美元，其中310亿用于农业补贴，其他用于投资和市场政策。“如果没有外部关怀，农业本身哪怕是一点点进步，几乎都是非常困难的。”

（二）体制的保障与革新

国家对原有工业倾向性的、对农业歧视或者剥夺的政策有针对性地进行了革新和完善以促进乡村地区的发展，这也是政府作用在制度领域的又一体现。一方面，迫于农村复兴的需要，各国政府相继制定了新的政策体制，如日本在20世纪60年代制定的《农业基本法》确立了农村的发展地位，80～90年代制定《农地法》《村落地域建设法》规范农业建设和发展，还有一系列针对特殊地域制定的《孤岛振兴法》《山地振兴法》《过疏地域对策特别措施法》等，极大地推进了农村的现代化进程。韩国根据村落特点制定了《农渔村整修法》《山林基本法》和《有关促进林业及山村振兴之法律》《地方小城镇培育支援法》。印度政府在1980年发布《工业政策声明》，规定“凡是家庭手工业能够生产的，大中型工业不得生产”等优惠政策。美国通过《宅地法》向私人出售土地，促进了西部地区的大开发。法国通过设立“地区发展奖金”“手工业企业装备奖金”“农业方向奖金”加速了农业现代化进程。韩国政府则成立从中央到地方的组织领导体制。中央政府由内务部领导成立“中央协议会”，各道、直辖市、郡等各级部门设立新村运动协议会，面、邑设新村运动促进委员会，村设立村开发委员会，健全了“新村运动”指导网络，保证了新村运动实施的一致性和系统性。

（三）民众的参与与自援

政府主导、农民主体，不能本末倒置，这是众多国家乡村建设成功的关键。诺曼·厄普霍夫等人研究第三世界国家农村发展成功经验后指出，政府、非政府和私营（以盈利为目的）机构在促进农村发展方面各自都存在局限性，这意味着在改善农村生计和农民生活质量上，它们无法充当唯一的依靠。基础广泛的农村发展其主要资源必须来自于农村居民自身的干劲、观念和决心，来自于集体主义的自助和受援式自立，也就是说只有通过对需要救助者的援助，使他们达至政治上自决、经济上自救和生活上自助的良好结果，才是农村运动成功之源。韩国的新村运动就是以全民参与、振奋精神为开端，自始至终强调“勤勉、自助、合作”精神，依靠自身力量建设新农村。农民自主选择“指导者”，自己的事情自己办。政府提供物资、资金和技术支持，注重搞好骨干培训，强化各级公务员责任，发动全社会帮助农村建设。德国在村落更新项目中，通过讲座、集会、网络、媒体等信息平台，引导农民积极参与村庄更新规划，缩短社区政府、专业机构、专业协会和村民的距离，加强相互之间的沟通与交流。其他国家也采取了相关的措施，有效地调动了农民的参与积极性。

（四）农民合作组织的建设

国外农村合作社已有近200年的历史，在提高农民组织化程度、保护农民利益、增加农

民收入、促进农业发展、加速农业现代化进程等方面具有举足轻重的作用。瑞典的“农家人”合作社是欧洲最大的农民合作社，为农民提供市场信息、技术服务、质量检测等多方面的服务，建立农产品收购和销售网络。该合作社还有自创的品牌产品，年营业额达31亿欧元。与此类似的综合性合作社还有日本、韩国、印度等国的农协组织，着力于营农指导、资金融通、社会化服务等，涵盖生产、销售和多种业务，是半官半民的组织，与政府关系密切。政府对农协组织给予了大量的财政和政策支持。印度的牛奶生产者协会属于专业合作社形式，最早成立于1946年，既保证奶农收入、稳定底价供应，又有效解决了农村贫困问题。德国、荷兰、法国也以专业性合作社为多，根据某一产品或某一项农业功能或任务而成立，如小麦合作社、收割合作社、销售合作社等。农民合作组织成为连接农民与市场和政府的纽带和中间组织，是乡村建设中不可或缺的组织单元。

三、可借鉴经验

借鉴发达国家的乡村振兴经验，可以使我国在乡村振兴过程中少走弯路。王林龙(2018)从发达国家的乡村发展历程入手，系统梳理国外具有代表性的乡村振兴运动，如韩国的“新村运动”、日本的“新村建设”、德国的“乡村地区发展”等，发现国外乡村振兴运动可以概括分为三个阶段，即农村基层设施转变阶段、乡村发展方式转变阶段和乡村思想转变阶段。第一阶段通过改善乡村医疗、水电、道路等基础设施项目，提高乡村的物质水平；第二阶段国家发布产业发展的相关政策，多种产业融合发展；第三阶段开展“农村启蒙”，重视乡村教育和文化建设。国外乡村振兴运动多采取以政府为主导自上而下的组织方式，少数欧盟国家采取自下而上的地方驱动组织方式。沈费伟和刘祖云(2016)从乡村治理模式入手，指出“造村运动”中的日本根据独特的地形和自然条件走因地制宜型模式，“新村运动”中韩国政府和农民共勉配合走自主协同型模式，“乡村地区发展”中德国通过不断调整治理目标和政策走循序渐进型模式，“农地整理”中的荷兰因为国土面积小、资源少，走精简节约型模式，每一种模式都是符合当地国情、具有本国特色的乡村治理模式。

梳理国外农村建设，纵观其所取得的成就，我们能获得一些农村建设的经验。虽然各国经济基础及社会状况有所差异，但从科学发展角度来说，任何发展建立在可持续发展模式基础上才可能在发展中既不危害生存环境的同时获得长效性。这也是国外农村发展所遵循的根本原则。

国外农村发展经验可资借鉴之处大体可概括为以下几个要点。

(一) 政府主导下的建设

国外农村建设运动的展开都旨在改变农村、农业落后于城市、工业的面貌。我国目前进行的新农村建设目标也在于此。综观德国、日本、瑞典等国的农村建设，都是政府充当农村建设项目启动者，同时制定相应法规保障农村建设。从20世纪30年代开始，美国每五年就修改一次农业法，其现有农业法规涉及农业生产中的很多环节，包括农业税收、土地所有权及使用、农业合同信贷、农业生产资料供应、农产品生产运输及加工以及相关的环境问题。同时，由政府主导制定的长远而系统发展规划明确农村建设目标，并对农村建设进行规范。由政府引导和扶持下的日本“一村一品”农村建设确立起日本农村区域经济发展模式。

（二）发挥农民自身的积极性

把农村建设落到实处，让农民成为真正的受益者，从而调动农民的积极性。鉴于此，很多国家在进行农村建设时通过立法切实保护农民的利益。如德国《农业法》第一条就规定农民与其他职业人员福利等同。德国还制定了《农业社会保障法》《农民医疗保险法》等法规，将现代完善的保障制度规定覆盖整个农村，使得农村从业人员及其雇佣人员都获得平等的社会保障。要在农村建设中保障农民的利益，有效激发农民积极性，需要农民参与其中。这也是发达国家和地区进行农村建设最为重要的经验。日本在“造村运动”中成立了三级农协组织，农户、农村、农业形成三位一体的综合社区组织；德国也成立了立体的层级农民组织；美国、瑞典、法国也有较成熟的农民组织。这些农民组织在引进推广农业技术、农民技能训练以及维护农民权益上发挥关键性作用。

（三）充分利用科学技术

美国、法国、德国等国家都非常重视农业技术的推广应用。这些国家同时重视对农民进行教育培训，使农民掌握现代化设备操作技能，掌握现代农业管理方法，同时革新观念，提高认识水平。

（四）注重农业生产区域化产业化

发达国家所进行的农村建设引导农民进行生产产业结构和产品结构调整，结合不同区域的生产资源特点进行合理布局，区域化规模化生产，发挥区域优势。较为典型的是日本的“一村一品”新村建设。日本在实施村庄农产品特色生产方面可谓取得了突出成就。日本很多农村乡间保留传统的手工艺生产通过此次建设得到进一步的发展，并且逐渐发展成为区域特色经济产业。

（五）建设中国特色的“一村一品”产业链

利用乡村资源禀赋因地制宜地打造当地特色产业。借鉴日本“一村一品”的成功经验，加快培育农民的产业思维、商业思维并提高其产业风险意识，实现特色农业农产品生产、加工、销售环节的资源整合，打造特色农业产业链，形成品牌效应。同时，政府合理引导乡村土地的确权与流转，充分挖掘新型经营主体的潜在效益。另外，借鉴欧美发达国家将特色农业产业与旅游业相结合的经验，打造农家乐等休闲场所，培育乡村休闲娱乐项目，吸引城市人口到乡村参观、休闲、进行农事体验。

（六）适度引入乡村工业，注入内生动力

无论是韩国的乡村工业园区、日本的乡村工业化运动，还是金砖国家的工业合作社，都是以发展乡村工业为核心目标，旨在发展乡村产业、增加就业、提升农民收入。我国乡村发展同样需要将城市工业合理有序地引入乡村。一是对乡村土地资源进行合理规划，明确农业用地与工业用地的界限；二是加强环境保护的监测机制，确保工业转移不给乡村生态环境带

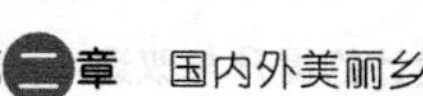

来负面效应；三是政府提供适度的财力与政策支持；四是引导乡村工业与农业生产合作社融合发展。以此为乡村经济的持续发展带来产业基础。

（七）加强生态环境保护，动员社会力量参与

借鉴发达国家生态环境保护的举措，如瑞士将生态环境保护纳入国民教育体系，我国同样需要通过乡村学校教育提高农民生态环境保护意识与能力。而英美等发达国家的立法经验也为我国提供了参考。例如，构建强有力的法律法规约束体系，并建立问责机制与长效机制。另外，无论是欧美发达国家的社会乡村保护组织还是韩国的“新村运动”等，都注重社会力量与乡村民众的参与、改善乡村人文景观与居住环境。我国也需充分调动社会各界尤其是农民参与乡村建设的积极性。

（八）引导现代元素与历史文化相融合

德国的《土地整理法》、法国的《马尔罗法》、英国的国家信托基金会、日本的《城市规划法》以及《土地改良法》等，明确提出保护乡村古建筑等历史文化资源。我国应当借鉴这些国家的成功经验，通过制定严格的法律法规对乡村古建筑、传统文化进行保护。与此同时，借鉴韩国“一人一村”项目、新加坡的都市农业、欧美发达国家的人与自然和谐的理念以及新型农业经营模式、金砖国家巴西的《城市法》等现代元素，中国应当提升乡村规划的合理性与科学性，确保乡村历史文化保护与现代化建设的契合。

（九）优化乡村治理水平，向治理现代化转变

欧美发达国家拥有严格的法律限制，乡村治理在其约束下体现出合理性与科学性；而韩国的“一人一村”运动设立的专家咨询系统、巴西的《巴西联邦共和国宪法》与《城市法》等，都强调乡村治理的合理性与现代化。我国应当借鉴这些国家和地区的经验，优化乡村治理水平：一是要完善法律服务体系；二是要提升农民的法治素养；三是要注重农民的自我管理与自我服务。

（十）促进城乡融合发展，实现城乡均衡

无论是欧美发达国家的城乡均等发展、亚洲发达国家的完善乡村社会保障制度，还是金砖国家的土地改革、农业工业合作社等，其主旨在于实现城乡的均衡发展、推进城乡协调。我国乡村振兴应当借鉴其背后的思维逻辑：一是推进乡村基础设施建设与城市相协调；二是实现乡村教育、医疗、养老制度与城市均等；三是充分利用城市与乡村的禀赋差异，实现城乡协调、互补、融合发展；四是将互联网、物联网、大数据、人工智能等最新技术应用到乡村建设，打造中国特色的数字乡村、数字农业，缩小城乡数字鸿沟。

从前面所列举的几个国家情况看，在农村建设中，政府主导下农民积极性极大提高，形成以农民为主体的合作组织，而且这些合作组织能参与到政府政策制度规划的制定过程中。同时，也有相关的法规制度保障从事农业相关生产的人员的权益。最为突出的不同之处在于，国外农村与城市之间没有像我国如此明确的城乡二元差异。虽然我国新农村建设旨在消

除两者之间的差异，但是从目前的状况看，我国新农村的发展还没有解决这一问题。相反，更多农村居民脱离乡村生活，进入城镇，造成很多乡村濒临消亡。而农村旨在加强土地利用率实施的并村建立新的居民村的方式，已经在很大程度上改变农村原有生活模式。这种被称作“上楼运动”的新农村居住建设，对农村居民心理的改变，引发农村问题新的研究领域。我国农村发展规划实施情况对区域经济特色及区域文化关注明显不足。新农村建设成为投资项目的“圈地运动”，缺乏地域文化指导的乡村民居改造简单地实施旧房改造，很多富有地域特色和文化气息的古建筑被强拆复建，变得面目全非。我国各地的农村变成面貌统一的农家小楼或者富有城市气息的高层建筑。而盲目招商引资又在很大程度上破坏了农村生态环境。

第三章

美丽乡村休闲农业环境空间设计

乡村地区是由人文、经济、资源与环境相互联系和相互作用形成的综合体。该综合体具有特定的结构和功能以及区际联系，也是一个具有不同规模和等级水平的多层次聚落空间。在国土空间规划的语境下，乡村地区空间规划的重点内容应围绕综合体人文、产业、资源和环境的结构和功能优化而展开，具体包括以下几项。

① 村镇结构功能优化规划。乡村是由村庄和集镇共同组成的一个有机联系整体。根据统计资料，2016 年，全国有集镇 10872 个、行政村 58 万个、自然村 270 万个。2006～2015年，乡村人口向城市转移了 1.9 亿人，乡村建设用地不但没有相应减少，反而增加了 255 万公顷。2016 年全国人均农村建设用地面积为 325.58m^2。各地村镇规模大小不一，分布地域不同，职能和特点也各异，但总体上村镇布局分散低效。不同等级的村镇间往往存在着紧密联系，从而在空间上构成一个具有一定特点的村镇体系。从自然禀赋、区位条件、特色优势、村民意愿、上位规划等方面分析研究村镇体系的合理结构与空间布局优化，是乡村地区空间规划的重要切入点。

② 基本公共设施改善规划。主要包括交通、给水、排水、环卫、电力、电信、防灾以及停车场、体育设施、文化广场、康复医院、学校、儿童游戏场、游憩休闲设施、绿色基础设施、行政管理、社区服务、农业共同设施、农田基础设施等空间布局和改善规划。要统筹配置各类基本公共设施，明确乡村各类基本公共设施的位置、规模、容量及工程管线的规格、走向和等级等，构建扁平化的村镇公共设施网络结构。

③ 资源生态空间保护规划。主要包括水土资源和野生动植物栖息空间及场所的维护、土地肥力和潜力的维护、自然和景观的安全性和多样性维护、重要景观断裂点的修复和再生、防治水土污染，以及增强气候变化的适应能力等。在国外的乡村建设中，自然保护措施占有很大的份额。例如在德国，在过去的 15 年里资源生态空间同比增长了 40%。核心是明确主要水源地、自然生态保护区、风景名胜区核心区等生态敏感区分布范围，划定禁止建设区、限制建设区和适宜建设区。

④ 乡村文化基因再生规划。要在乡村文化基因系统调查和梳理的基础上，着重挖掘不同地域、不同文化背景下乡村自然环境、历史文化、民俗风情的特点，加强对田园景观、山水文化、古村落、古建筑等历史文化整治的再生规划，提炼和彰显当地的文化特色。有研究者在嘉善县进行乡村文化基因再生规划时，根据该县的水乡建筑风貌、水乡风土人文、历史文脉、文化瑰宝等地方特点，进行了文化复兴工程总体布局规划，包括中国田歌体验中心、“风雅西塘”提升项目、千窑之窑博物馆、“大往遗址”提升工程、世界纽扣艺术宫、竹枝词

之路等，对传承当地文化基因、打造更美好的生活品质起到了积极的促进作用。

⑤ 土地开发利用保护规划。乡村地区空间规划的目标定位需要把土地的多功能开发利用和保护放在更突出的地位，这是最重要的基础和根本。土地具有多种功能，除了粮食生产等商品性生产功能外，还具有包括调节大气成分与气候、调节水文等生态功能，提供田野风景、保持传统农耕文化等景观文化功能，以及建设空间储备等非商品性生产功能。应当建设加强以耕地质量为核心的地力建设，推进土地的复合利用，提升具有耦合关系的多种产出与效益。同时，通过土地开发利用保护规划，合理划定各种用途区域，如永久基本农田保护区、休闲旅游度假区、生态湿地保护区、文化景观保护区、乡村社区建设区等，为国土空间用途管制提供科学依据。

⑥ 乡村发展活力项目规划。通过项目规划创造乡村发展活力，是乡村地区空间规划的核心内容。2004 年，世界经济活力与可持续发展组织将经济活力定义为："一个社区的经济竞争能力、适应能力，以及对私人企业和公共企业的吸引能力；具有经济活力的社区能够为居民提供满意的就业等经济活动以及长期可持续性的生活质量；能够随时发现机遇和把握机遇，致力于居民福利的增加；能够鼓励和承认社区居民和企业的创新、勤奋、品德高尚，以及参与社区活动。"乡村地区空间规划要围绕乡村发展活力的重点，开展相关发展项目的筛选和合理布局，比如产业发展项目、旅游休闲项目、村庄更新项目、农田整理项目等，切实提高乡村发展的活力与吸引力。

第一节　我国休闲农业规划原则与功能

一、休闲农业规划与开发原则

休闲农业资源规划与开发应以农业生产经营活动为主体，以旅游市场为导向，以创新为动力，以科技为依托，以农民增收为主线，以休闲、求知、观光、采摘为载体，既要注重相关产业发展和整合，将传统农业从第一产业延伸到第三产业，又要使休闲体验者身心健康、知识增益，增强游人热爱大自然、珍惜民族文化，保护环境的意识。

休闲农业资源规划与开发应遵循以下原则。

（一）科学选址原则

休闲农业园选址应选择离城市、著名景区较近且交通相当便利之处（大约离城市 5km 范围为佳）。此外，休闲农业园区应尽量具备以下条件：一是尽量是丘陵荒地，少占良田，不与国家有关土地政策相冲突，从而节省征地费用；二是无工业污染的地方；三是水源较好的地方，这样可以使园区因为有水而具有灵气；四是居民少或者无居民居住的地方；五是土壤条件较好的地方。

（二）可持续发展的原则

休闲农业资源规划与开发应以生态优先、可持续发展为第一指导原则。在具体的开发建设中要注重妥善解决开发所带来的环境破坏和污染，采取必要的生态措施和技术改善林网、

水系、田园的农业生态环境，培育生态绿色产业，繁荣生态文化，构建生态产业体系。把生态文明、可持续发展融入各项目区的规划建设之中，高度重视生态保护和文化传承，充分发挥农业、农村、农民的生态和文化优势，吸引游客观光休闲和精心体验，避免盲目开发、无序开发和破坏性开发，走资源节约型、环境友好型的可持续发展道路。

我国是一个具有几千年悠久历史的农业古国，在传统的“天人合一”的东方哲学思想影响下，营造了人与自然和谐的生态农业。我国传统农业中早就有了“天人合一”的辩证认识，并用于指导农业生产。休闲农业园区内的农业生产经营、休闲体验等活动以与自然和谐共存为最高准则，必须遵循自然生态规律，在保护、开发、培育资源与环境的过程中实现提高农业的开发和利用，以确保园区景观的完整性、原真性和生态性。

休闲农业发展要依据产业目标和功能定位，增加优势产业总量与优化空间布局，产业发展与资源环境并重，优化产业结构，发展循环经济。休闲农业在布局规划时，要使农业产业项目安排具有层次性和有机性，项目之间有衔接、有互动，做到生态环境保护与经济社会发展相结合，实现经济、社会、生态效益的可持续发展。

（三）统筹城乡发展的科学性原则

我国具有悠久的农业历史文明，经历了原始农业、传统农业、现代农业三个发展阶段。龙骨水车提水、筒车吸水、风车扬谷、石碾磨面、牛耕田、施用土杂肥、手工采摘农产品，还有传统的纺纱车、织布机等，这些与现代高科技形成鲜明反差的传统农业景观，往往会受到现代旅游者的青睐。休闲农业所展示内容的科学性特点，决定了休闲农业资源规划与开发应深入贯彻落实科学发展观，统筹城乡发展，打破城乡分割体制的影响，要求城乡基础设施建设必须一体化，加速缩小城乡发展差距。在实施规划过程中，要坚持重点区域先行，加快规划区域内核心区、辐射区、基地、园区、重点村镇的建设，引导产业要素向重点区域集中。统筹第一、二、三产业布局，加快现代农业和第三产业发展步伐，实现产业和各类要素有效集聚。坚持统筹考虑，分步实施，以点带面，以线穿面，整体协同，互动共进。与此同时，在具体开发过程中还应引入创新统筹发展的体制机制，形成政府引导、企业主体、农民参与、多方支持、充满活力的发展格局，加强部门联合和联动，形成合力，共同推进。

（四）以农为本，农游结合的原则

休闲农业规划与开发必须坚持以农为本，以农业生产为基础，把农业的生产功能放在第一位，确保农业产品在开发中占有主导地位。通过第一、二、三产业的有效结合，更好地提高农产品附加值，创造更大的经济效益。农业不仅具有食品保障功能，而且具有原料供给、就业增收、生态保护、观光休闲、文化传承等功能。因此，休闲农业规划与开发要积极拓展农业的多功能，加强农业与旅游业有效结合，发展“农游合一”的新型产业。通过旅游的带动加快农业走向市场的步伐，建立自己的市场地位，提高农业的价值，获得巨大经济效益。同时，休闲旅游农业又为旅游业的发展开拓了新领域，丰富了旅游的内涵，促进了现代旅游业的延伸和发展。通过“农游合一”的新型产业模式的发展变农业生产资源为农业资本，变生态环境资源为生态资本，变农村民俗资源为农耕文化资本；使农民“足不出户就业创业、经营山水增收致富”，使农民成为城镇居民消费需求的供给者，成为农业资源和资本的经营者和管理者。

休闲农业规划与开发必须把农业发展、农民增收、农村进步作为根本出发点和落脚点，紧紧依托农业特色、优势和高效设施农业，充分发挥和调动社会各界的积极性和创造性。重点项目建设要注重游客的参与体验，充分发挥农业资源空间广阔、内容丰富、富有参与性等特点，设计出融参与性、知识性、趣味性于一体的农业休闲活动项目，并根据市场需求，结合自身资源特点，创造性地规划设计和布局具有时尚性、多层次、系列化的休闲农业产品。使人广泛参与到农业生产、农村生活的方方面面，更多层面地体验到农业生产及农村生活的情趣，享受原汁原味、丰富多彩的乡村氛围。

（五）因地制宜、体现特色的原则

休闲农业规划与开发要充分考虑农业生产具有的地域性和季节性特点，因地制宜，体现特色。在农业产品开发和项目设计上必须根据各地区的农业资源、农业生产条件和季节特点，考虑其区位条件和交通条件，因地、因时制宜，突出区域特色。特色是休闲农业发展的生命之所在，越有特色其竞争力和发展潜力就会越强，因此休闲农业发展要与实际相结合，明确资源优势，选准突破口，使其特色更加鲜明，保持其“人无我有，人有我新、我精、我特”的垄断性地位。如北京门头沟区的妙峰樱桃园、平谷区的“桃花海”观赏采摘区、大兴区的万亩优质梨休闲采摘园等无一不是以特色取胜的休闲农业园区。

休闲农业应因地制宜地选择开发价值高的现代农业新品种、新技术、新设备，利用重点项目、重点产业的集中建设，示范带动区域农业产业化发展。重点项目建设要形成差异化发展，形成丰富的发展类型，通过招商引资、规范管理提升休闲农业档次，达到满足实际情况、可操作性强、效益叠加的目标。

（六）市场导向原则

准确把握市场需求变化，规划开发适销对路的产品，有效占领和扩大自身的市场领域，是休闲农业规划布局成败的关键问题之一。因此，休闲农业园区应努力做到吃、住、游、购、娱、教、体等休闲产品开发兼顾。同时，由于观光休闲农业源于城乡间地理环境差异，周边城市居民无疑就是其主要潜在客源市场。为此，必须通过市场调研来了解游客来源、客源类型、市场规模、客流规律、游客消费能力及规划布局地周边一定距离内各种类型观光休闲农业旅游项目的竞争情况，以便做到有的放矢。

（七）综合效益原则

休闲农业的实质是一种农、游结合，是第一产业向第三产业延伸的高效型市场农业，所以必须遵循经济效益原则。通过投资收益分析，对那些资源规模大、旅游价值高、原有基础好、交通便捷、投资省、建设周期短、投资回收快的休闲农业项目进行优先规划和开发，之后通过向休闲者提供休闲度假、种养体验、农科教结合、农业科普等多种服务，来提高非农收入和农业综合效益。

（八）整体开发原则

休闲农业园区的开发建设是一个复杂的系统工程，具有很强的整体性特点。一方面，它

要纳入区域休闲农业发展布局的系统工程中去，服从区域高层次或主系统发展战略；另一方面，在区际必须突出自身的特色，即按照“人无我有”“人有我优”“人优我特”的原则，在市场导向的前提下，立足于自身资源和产品特色，开发出明显区别于周边地区且具有绝对竞争优势的休闲农业园区的观光、休闲、度假等产品。

二、休闲农业规划与开发功能体系构建

休闲农业是一种结合农业生产与休闲游憩的新兴产业，具有以下多项功能。

（一）经济功能

休闲农业一般采用高度集约化生产，具有产品优质化、设施现代化和管理科学化的特点。休闲农业能够提供大量名优农产品，满足城市居民日益增长的消费欲望和市场竞争的要求，从而创造可观的经济效益。其次，农业作为观光休闲场所，通过提供观赏、体验、品尝、选购等消费服务形式，使农业资源延伸为旅游资源，此外又可直接增加其附加经济价值，提升农业产业结构，这对入关后面临全球化挑战的农业产业，无疑是一条可持续发展的新路。如北京市顺义区实施观光采摘促进战略，在以下方面加快开发农业旅游功能：①以优质农产品为基础、以农村风情为特色，逐步建立一批吃、住、娱、购一体的高档次农业观光园区，开发一批体验型、租赁型休闲项目；②大力发展精品观光型、园区采摘型、农耕体验型、生态度假型、新村生态型、民俗旅游型、农业节庆型、产品会展型和生态餐饮型等形式的农业休闲观光旅游；③围绕都市型农业的“生产、生活、生态”功能，不断开发农业休闲观光旅游新项目，满足市民体验农耕、品尝美味、欣赏田园、修身养性的休闲需要。可以预言，作为农业经济的新增长点，休闲农业的经济效益将是十分巨大的，对高效农业的发展和加速农业、农村现代化具有重要意义。

（二）生态环保功能

城市迅速发展后，交通、工业、消费的发展，使废气、废水和噪声等对城市环境的危害日趋严重。绿色产业是城市环境的最佳卫士，可以净化环境，吸收反射噪声，调节区域气候，防止水土流失，维护生态平衡，提高城市环境质量，创造良好的生活空间，发挥生态屏障功能。据测，1 亩（1 亩＝666.7m^2，下同）果园可减少噪声 8～15dB，1hm^2 园地夏季调节温度的效能相当于 50 台空调器。因此，休闲农业被誉为“城市的净化器”。另一方面，休闲农业有环保和防御灾害的机能。经由妥善经营管理，休闲农园内的人类活动得到有效控制，使其对环境的冲击力减少到最低。尤其农园的经营者为了生产安全食用的农产品而大力提倡有机农业，免除对农药和化肥的使用，有利于保护环境。此外，城市中预留的农田景观在灾害发生时，可起到适当疏散空间、减少（减轻）灾害的作用。如北京市果树面积占全市林木总面积的 20%，在水源涵养、防风固沙、改善生态环境中发挥了重要作用。

（三）社会功能

现代休闲农业促进了城郊地区的经济发展，加快了城市化进程，促进了农村劳动力转

移，提高了郊区农民的生活水平，显著地减小了城乡之间的差距，加快了城乡一体化的进程，实现了城乡经济协调发展。城郊农村增加农民收入，加快农民致富。同时，现代休闲农园吸引更多的城市人到郊区去，促进公众对农业和农村的认识，在提高人们对休闲农业的认可度和参与程度的同时，增强了政府和社会各界对现代休闲农业的关注，加快了郊区农业的发展，实现了更大的经济效益。城市人下乡观赏果园、参与农作，还给农民带来了先进的经营、管理理念，促进了城乡之间的文化和信息交流，促进农村开放，转变了农民传统、落后的观念，增进人们之间的情感交流，消除了城乡居民之间的隔阂。

（四）游憩功能

休闲农业融农村自然风光与社会人文景观于一体，提供给游客一个清静、优雅、温馨、祥和的户外开放空间，使游憩者享受乡野风光及大自然的乐趣，是丰富市民的文化生活、调节市民心态、提高生活质量的有效途径。此外，城市化及休闲农业的发展，使城市与农村的界限相对模糊，形成城市包含农村、农村包围城市、城市与农村浑然一体的格局，从而极大地满足了现代都市居民渴望回归自然的愿望。越来越多的人已经认识到没有农业和绿地的城市是不符合人类天性的。

（五）教育、文化功能

休闲农业为市民参与农业、了解农产品生产过程、体验农村生活创造了良好的机会，尤其为城市的青少年了解自然、认识社会、了解农业和农村文化创造了条件，使农村特有的生活文化及民俗技艺获得进一步的发展、延续和继承，同时创建出具有特殊风格的农村文化。此外，在参与农业的活动中，观光休闲活动增加了人们的交往和沟通机会，可以增进人与人之间的情感交流，降低城乡居民彼此之间严重的疏离感。如一些农业园区利用农场环境和产业资源，将其规划成学校的户外教室，配备教学和体验活动场所、教案和解说员，为游客提供活生生的教材和案例。

（六）医疗功能

休闲农园的静谧、优美、开阔的环境，可以放松人们紧张的情绪，减少心理上的焦虑和生理上的压力。鲜果绿树、阳光照射、自然声音，有利于病人恢复健康。鸟语花香的气息，可以减少人类思维的失误；农产品富含的营养物质，可以预防和治疗各种疾病，发挥保健和医疗价值。

总之，休闲农业作为具备经济、生态、社会、教育文化、医疗等多功能的产业，是一项兼具生产、生活、生态“三生”一体的产业。

第二节　休闲农业园区规划设计

一、休闲农业园区规划建设选址

城市郊区是城市的外缘地区，它是城市地域结构的重要组成部分，是城市功能和农村功

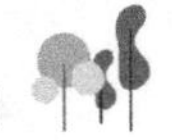

能互为渗透、社会经济发展特殊而又十分活跃的地区。乡村旅游在城市郊区、特别是城市近郊的各种旅游中发展极为活跃。城市近郊的乡村旅游地成了城郊旅游地和环城市游憩带的一个亮点。欧洲联盟（EU）和世界经济合作与发展组织（OECD，1994）将乡村旅游（Rural Tourism）定义为发生在乡村的旅游活动。乡村性（Rurality）是吸引旅游者进行乡村旅游的基础，是乡村旅游整体推销的核心和独特卖点，是界定乡村旅游的最重要标志。注：这里的乡村旅游与农业旅游（Agri-tourism）和农场（农家）旅游（Farm Tourism）严格区别，是把农业旅游和农场（农家）旅游看作乡村旅游的重要实现形式。

休闲农业园区作为城市重要的游憩地，其发展、繁荣不仅推动农村产业的多功能化，有利于新兴产业发展，还能促进乡村景观整治，推动乡村风貌塑造，全面增加农民收入，改善农村环境，提高生活质量。休闲农业的逐步开展，最为直接的结果是在城市近郊建立起来绿色地带式的农业园区，供人们游憩。

我国休闲农业园区从空间分布上看，主要有三种类型：城市依托型（大城市周边）、景区依托型和景区型。北京大学吴必虎、黄琢玮、殷柏慧等学者在对我国大中城市周边 72 处观光休闲农业地空间布局进行抽样调查、统计分析的基础上得到结论认为：观光休闲农业地在大、中城市周围分布总体上呈现距离衰减趋势（除了在开始的 30km 范围内），即与主城距离越远，观光休闲农业地分布越少；85％的城市郊区型观光休闲农业地集中分布在距离一级客源地城市 100km 范围内；观光休闲农业地在城市周边分布主要有两个密集带，最密集地带出现在距一级客源地城市 30km 左右的地区，次密集带出现在距一级客源地城市 80km 左右的地区。

但同时也形成了另外一种规律，就是距离城市愈远，则建立了愈来愈大的休闲农业园区和游憩地供人们较长时间滞留。从以上的研究结论中不难得出，休闲农业园区规划建设选址应选择在距离城市、景区较近且公路交通非常便利之处，即距离一级客源地城市 100km 范围内或距一级客源地城市 30km 左右的地区和 80km 左右的地区。

二、休闲农业园区规划设计阶段

（一）项目建议书

休闲农业园区规划建设项目建议书（又称立项申请）是项目建设筹建单位或项目法人提出的园区建设项目的建议文件，是对拟建园区提出的框架性的总体设想。它是在调查研究、收集资料、勘察建设地点、初步分析投资效果的基础上，论述拟建园区的必要性和可能性。它的目的在于争取批准立项。对于大中型休闲农业园区建设项目，还要编制可行性研究报告，作为项目建议书的主要附件之一。园区项目建议书是项目发展周期的初始阶段，是相关政府部门选择项目的依据，也是可行性研究的依据。

休闲农业园区规划建设项目建议书的主要内容应包括：①总论；②项目提出的必要性和条件；③项目建设方案，拟建规模和建设地点的初步设想；④投资估算、资金筹措及还贷方案设想；⑤项目的进度安排；⑥经济效果和社会效果的初步估计，包括初步的财务评价和经济评价；⑦环境影响的初步评价，包括治理“三废”措施、生态环境影响的分析；⑧结论；⑨附件。

（二）可行性研究报告

休闲农业园区项目建议书批准后，建设筹建单位应确定项目建设的机构、人员、法人代表、法定代表人；选定建设地址；落实筹措资金方案；落实供水、供电、供热、雨污水排放、电信等基础设施配套方案；进行详细的市场调查分析；编制可行性研究报告。可行性研究报告需由有资格的设计单位或工程咨询公司编制。

休闲农业园区规划建设可行性研究报告是园区建设投资之前，从经济、技术、生产、供销直到社会各种环境、法律等各种因素进行具体调查、研究、分析，确定有利和不利的因素、项目是否可行，估计成功率大小、经济效益和社会效果程度，为决策者和主管机关审批的上报文件。

休闲农业园区规划建设项目可行性研究报告的主要内容应包括：①项目总论；②项目背景；③市场预测与分析；④项目地点的选址；⑤项目规划建设宗旨与目标；⑥项目总体方案设计；⑦项目总投资估算与资金筹措；⑧项目的组织与管理；⑨项目效益评价；⑩可行性研究结论与建议；⑪附件。大型园区规划建设需单独做环境影响评价。

（三）总体规划

确定休闲农业园区的性质、范围、总体布局、功能分区、总体定位、产品发展方向和设施布置，规定农业保护地区和控制建设地区，提出园区发展目标原则以及规划实施措施。内容包括：

① 分析休闲农业园区的基本特征，提出园区内资源评价报告；

② 确定休闲农业园区规划依据、指导思想、规划原则、园区性质与发展目标，划定园区范围；

③ 确定休闲农业园区的功能分区、结构、布局等基本框架，提出园区环境容量和游人容量、预测游人规模；

④ 制订休闲农业园区的农业资源保护、培育规划；

⑤ 制订休闲农业园区的植物景观规划；

⑥ 制订休闲农业园区的游憩景点与游览线路规划；

⑦ 制订休闲农业园区的旅游服务设施和基础设施规划；

⑧ 制订休闲农业园区的土地利用协调规划；

⑨ 提出休闲农业园区的规划实施措施和分期建设规划。

园区总体规划的文件和图纸包括：规划说明书；现状条件分析；旅游市场分析；旅游资源评价；规划原则和总体构思；用地布局；空间组织和景观特色要求；道路和植物种植系统规划；各项专业工程规划及管网综合；工程量及投资估算。图纸比例可根据园区规模、功能需要和现实可能确定。

（四）详细规划

在园区总体规划的基础上，对园区重点发展地段上的土地使用性质、开发利用强度、环境景观要求、保护和控制要求、旅游服务设施和基础设施建设等做出控制规定。

详细规划分为控制性详细规划和修建性详细规划。

1. 控制性详细规划内容

① 确定园区规划用地的范围、性质、界线及周围关系。

② 分析园区规划用地的现状特点，确定规划原则和布局。

③ 确定园区规划用地的分区、分区用地性质和用途、分区用地范围，明确其发展要求。

④ 规定各分区景观要素与环境要求、建筑风格、建筑高度与容积率、建筑功能、主要植物树种搭配比例等控制指标。

⑤ 确定园区内的道路交通与设施布局、道路红线和断面、出入口位置、停车场规模。

⑥ 确定园区内各项工程管线的走向、管径及其设施用地的控制指标。

⑦ 制订园区相应的土地使用与建设管理规定。

控制性详细规划的文件和图纸包括规划文本和附件，规划说明及基础资料收入附件。规划文本中应当包括规划范围内土地使用及建筑管理规定；控制性详细规划图纸包括规划地区现状图、控制性详细规划图纸。图纸比例 1∶500～1∶1000。控制性详细规划图纸包括以下要求。

① 区域位置图。比例不限，须突出园区与周边交通网络的衔接关系。

② 用地现状图。比例为 1∶500～1∶1000，标明各类用地范围、用地性质、道路网络等。

③ 道路交通规划图。比例 1∶500～1∶1000，需标注控制点坐标标高、道路断面及宽度等，需包含现状地形。

④ 控制指标规划图。比例 1∶500～1∶1000。

⑤ 各项工程管线规划图。比例 1∶500～1∶1000，包括给水、雨水、污水及电力、电信、燃气工程管网的平面位置、管径、控制点坐标和标高等。

2. 修建性详细规划内容

以总体规划、控制性详细规划为依据，制订用以指导各项建筑和工程设施的设计和施工的规划设计。在内容上包括：①建设条件分析及综合技术经济论证；②做出建筑、道路和种植区等的空间布局和景观规划设计，布置总平面图；③道路交通规划设计；④种植区系统规划设计；⑤工程管线规划设计；⑥竖向规划设计；⑦估算工程量、总造价，分析投资效益。

修建性详细规划文件为规划设计说明书。修建性详细规划图纸包括：规划地区规划图、规划总平面图、各项专业规划图、竖向规划图、反映规划设计意图的透视图。图纸比例为 1∶500～1∶1000。修建性详细规划的图纸包括以下要求。

① 规划地段位置图。标明规划地段在城市的位置以及周围地区的关系。

② 规划地段现状图。图纸比例为 1∶500～1∶1000，标明自然地形地貌、道路、绿化、工程管线及各类用地和建筑的范围、性质、层数、质量等。

③ 规划总平面图。比例尺同上，图上应标明规划建筑、绿地、道路、广场、停车场、河湖水面的位置和范围。

④ 道路交通规划图。比例尺同上，图上应标明道路的红线位置、横断面，道路交叉点坐标、标高、停车场用地界线。

⑤ 竖向规划图。比例尺同上，图上标明道路交叉点、变坡点控制高程，室外地坪规划标高。

⑥ 单项或综合工程管网规划图。比例尺同上，图上应标明各类市政公用设施管线的平面位置、管径、主要控制点标高以及有关设施和构筑物位置。

三、休闲农业园区规划设计分区

在充分分析各种功能特点及其相互关系的基础上，以休闲度假区和农业种植体验区为核心，合理组织各种功能系统，既要突出各功能区特点，又要使各功能区之间相互配合、协调发展，构成一个有机整体。

根据休闲农业园区综合发展需要，结合地域特点，应因地制宜设置不同功能区。总结各地休闲农业园区规划，园区大体上包括入口区、服务接待区、科普展示区、特色品种展示区、精品展示区、种植采摘区、引种区、休闲度假区、生产区、设施栽培区10个区。目前大多数休闲农业园区包括入口区、服务接待区、种植采摘区、生产区四区。对于规模较大，经营成熟的园区规划分区会更全面。

（一）入口区

这部分公共空间起到的是过渡作用，也是室内建筑空间的开端，在设计过程中应保持其风格与园区建筑和谐统一，并具备识别、引导、集散功能。同时，这部分区域应充分考虑到与附近自然环境、人文环境的协调，营造出归属感，使游客感受到温馨。相比于城市建筑，这部分空间更适宜采用小尺度来营造亲切感，但因需要具备集散以及引导功能，还需要通过纵深空间的延长来实现。为了缓解这部分空间的突兀，设计过程中可以通过绿植等物品发挥隔断作用，避免空间出现空旷感。入口区是游客入园的地区，游人在此换乘园内的游览车入园。大型休闲农业园区一般规划建设2～3个入口。主入口区包括大门、入口停车场（见图3-1)、服务建筑、导游牌、假山水池等。入口广场一般建成石块嵌草铺地的生态型广场，加强绿化效果。

图3-1　大型休闲农业园区停车场

（二）服务接待区

服务接待区用于相对集中建设住宿、餐饮、购物、娱乐、医疗等接待服务项目及其配套

设施。入园后首先到达服务接待区，作为园内的过渡空间，游人将在此做短暂停留，做好入园的准备。此区可规划建设办公楼、游客服务中心（见图 3-2）、果品文化展示室、停车场等。

图 3-2 游客服务中心

（三）科普展示区

科普展示区是为儿童及青少年设计的活动用地，具备科普教育、电化宣教、住宿等功能。休闲农业园科普展示区可广泛收集、整理、保存、介绍园区内农作物的品种、栽培历史、文化知识，结合青少年的活动特点，以科学知识教育与趣味活动相结合，进行知识充电和娱乐健身。该区可设计安排以下活动项目：生存训练活动、趣味寻宝活动、夏令营活动、冬令营活动、健身比赛活动、入队仪式、成人仪式等。

（四）特色品种展示区

本区是各种不同的、具有当地特色的农业品种植展示区，为观赏性较强的品种提供展示空间。本区以各种不同的果品栽培架式、不同的材料加以形式上的改造，形成形式多样、观赏性较强的园林景观。

（五）精品展示区

精品展示区即精品农业种植区，可满足高端层次观光采摘者的要求。精品展示区在展示精品农业的同时，还可结合传统的园林艺术设计手法和盆景艺术制作技法，利用廊架、篱架、棚架等不同架式的排列组合来分割组织景观空间。

（六）种植采摘区

此区面积最大，是休闲农业园的基本用地。种植采摘区可以分为不同果品的采摘区，在

景观营造上应保留农田景观格局，在不破坏农业景观的基础上规划建设适当的园林小品和游憩采摘道路。在此，人们通过认养果树的方式，选择性地参与农业生产的施肥、剪枝、疏花、疏果、套袋、采摘等各项技术劳作。种植体验区除了栽培果品以外，还栽培各种蔬菜，瓜果、浆果类植物，增加采摘的多样性和趣味性。此外，还可开辟出小范围场地作为认养区，让人们通过认养果树的方式增强环保意识，从而拉近与大自然的距离。认养后，游人可选择性地参与果树剪枝、疏花、疏果、套袋、采摘、入窖等各项技术劳作。

（七）引种区

引进和驯化国内外优良的农作物品种，建立优良农产品品种引进、选育和繁育体系。引进国内外不同成熟期（极早熟、早熟、晚熟、极晚熟）和不同颜色（红色、绿色、紫色、褐色品种）优质农产品，对抗性强的品种进行适应性、抗性等方面的观测，选育适合当地生长的优良品种进行繁育。

（八）休闲度假区

主要用于观光休闲者较长时间的观光采摘、休闲度假。休闲农业园在合理的园区土地利用控制下可适当建设度假木屋、度假小别墅等住宿设施，延长游客在园区内停留的时间，增强休闲农业园的休闲度假功能。

（九）生产区

从事传统农业生产的区域，在园区其他功能区农产品供给量不能满足游客时可开放。生产区在景观建设、管理方面比其他分区要粗放。

（十）设施栽培区

设施栽培区是进行农作物设施栽培的区域。北方地区的休闲采摘园多设有设施栽培区，目的是通过果品的周年设施栽培，让游客在果品的非正常成熟季节采摘到新鲜的农产品。

四、休闲农业园区规划设计内容

休闲农业园区规划建设应统筹规划，分期建设，有计划地分期实施、逐步建设，为今后发展留有余地。

（一）休闲农业园区建筑空间设计原则

1. 尺度宜人

休闲农业园区作为游客观光、休闲、娱乐场所，其空间尺度不宜过大，应注重空间给人的亲切感以及私密性，形成与大城市冰冷的大空间的鲜明对比，才能够突出休闲农业园区的特色。

2. 参与性

休闲农业园区的功能多元，不仅供游客参观、欣赏，也需要通过体验类项目缓解与释放游客的压力，让游客更直观地体验乡村生活中的乐趣。因此，可以设计垂钓园、采摘园等与乡村自然环境接触的空间，为游客提供融入乡村生活的契机。

3. 生态性

在空间设计过程中，装饰环节应尽量遵循生态性，尽量利用当地的有机材料，如秸秆、本地绿植等作为装饰品，既体现生态农业园区的本土特色，也降低前期的投资成本以及后期的维护费用。

4. 差异性

一方面，要体现出农村与城市之间的差异，另一方面要体现出休闲农业园区与当地其他区域的差异。这是为了更好地突出休闲农业园区的特色以及功能。

（二）景观设施

景观游览服务设施建设应与旅游观光规模和旅游观光需求相适应，高、中、低档相结合。其选设应有利于保护景观，方便旅游观光，为游客提供畅通、便捷、安全、舒适、经济的服务。休闲农业园区景观游览服务设施主要有园门、园路、园垣、园桥、园灯、园椅、标识解说设施、公共厕所（见图 3-3）、饮水台与洗果池、凉亭与园舍、垃圾桶、园林绿化等。

图 3-3 公共厕所

1. 园门

休闲农业园园门的设计、式样、材料、颜色、高矮、宽窄等，均应与整个乡村景观相协调，常有高大石柱、铁门、月门、棚架等形式和材料。

2. 园垣

休闲农业园的园垣应具备保安、隔离、隐蔽、局部的划分、扶持、景观装饰的作用。园

垣主要种类有围垣、短垣、栅篱、栏杆、花栅、照壁等。

3. 园桥

休闲农业园中桥形需与地形相协调，外形应美观，桥梁式样大小需与路幅一致。园桥的桥面切忌溜滑，需要相当程度的粗糙面，以保证行人车辆通行的安全。园桥的施工结构应视交通工具的不同及交通流量大小而区别。桥体两侧应设置安全美观的护栏。园内建桥类型可视景观要求和安全要求，配置铁桥、水泥桥、砖桥、土石桥、木板桥、石板桥、竹木桥等。

4. 园灯

在休闲农业园中，凡门柱、走廊、亭舍、水边、草地、花坛、塑像、园路的交叉点以及主要建筑物及干路等处，均宜设置园灯，光源最好高 6m 以上，光度在 150W 以下者为宜。电源配线应尽量为地下缆线配线法，埋入深度应在 45cm 以上。园灯设置可充分考虑与杀虫灯设置相结合。

5. 园椅

休闲农业园中园椅应在地面平坦、避风、阴凉干燥及出入方便等条件良好处设置。一般以高度 40～50cm、宽度 30～45cm 为宜，长度依实际情况而定。园舍、凉棚、铺石地、露台边、道路旁、水岸边、山腰墙角、草地、树下均可设置。设置地点应避免阴湿地、陡坡地、强风吹袭场所等条件不良的地方或对出入有妨碍的地方。

6. 绿廊

休闲农业园中绿廊设计多为平顶或拱门形，宽度 2～5m，高度则视宽度而定，高与宽的比例为 5∶4，四侧柱子的距离宜在 2.5～3.5m 之间。

在水边、草地上、园路旁、轴线端点、平台上或门窗前均可设置绿廊。但一般均有园路引导，可与园路成正交，亦可与之平行。地面材质或与园路相同，或变更地面铺砌，如铺以石片、磨石子等，以作区划。绿廊中应配置休息座椅。

绿廊棚架上多选择蔓性植物，一般可分三类：

① 以欣赏为目的常用牵牛花、茑萝、蔓蔷薇、紫藤等；

② 以遮阴为目的常选用枝叶浓密并具有观赏价值的种类，如金银花、九重葛、紫藤、常春藤等；

③ 以食用为目的，一般选择果实可食用的，如丝瓜、苦瓜、葡萄等。

7. 凉亭

在园区的采摘区、观景区、人行步道交叉口应设置凉亭。山地、坡地观光园可设在位置显要处，如山顶、山腰、水边、林间，或附设于其他建筑物旁。用于景观搭配和游人观景、纳凉、避风、遮雨。凉亭内部设置桌椅、栏杆、盆钵、花坛等附设物，但以适量为原则。

8. 饮水台和洗果池

饮水台和洗果池饮水台高度应为 50～90cm，宽度为 40cm 左右。位置需在集散场所、休憩设施旁边等，避免在其他不容易排水的场所或不卫生的场所附近设置。为儿童使用的要加设台阶。

饮用水栓要有防止破损的对策，同时亦必须容易调水量，材质卫生、坚固、不易腐蚀，

棱角要加圆。

9. 植物景观

植物景观营造应按园林景观需要，结合园林（种草、种花）、改造和整形抚育等措施进行设计。不应大量破坏原有的种植格局，应保持农田的原始景观。植物景观应突出农田景观的特色，充分利用乡土植物群落结构、树种、果树干、花、叶、果等形态与色彩，形成不同结构景观与四季景观。

以具有观赏和食用价值的农作物为造景的主体材料，以农业文化为线索，展现农业的种植资源、历史文化、栽培知识、品种分类等，创造出简洁、质朴、美观、实用的园林景观。对于园内空地，应结合观赏游憩需要，进行园林化的处理，形成宜人的园林景观。植物景观布局应突出果园特色和多样性，总体上应合理搭配、相互协调。

（三）旅游服务设施

1. 餐饮设施

休闲农业园区餐饮服务点和布局，应按照游览路线和园区实际条件加以统筹安排，凡是不靠近风景区或民俗村的园区，均宜设置餐饮服务设施。餐饮建筑除供游人进餐外，造型应新颖、独特，与乡村自然环境协调。餐饮建筑设计，内外空间应互相渗透，与园区景观相融合，并应符合现行《饮食建筑设计规范》的规定。餐饮建筑的体量和烟筒高度不应破坏原有景观和环境。

餐饮的空间设计分为两种类型。一是生态园餐厅。这是一种由农业温室演化而成的餐饮形式。与传统的敞开性餐厅相比，生态餐厅更易受到外部环境的影响，如温度、天气等。因此，在设计过程中，可以充分利用自然优势，如景观、植物等，增强人的视觉体验，并营造良好的环境给人愉快的用餐体验，令人仿佛置身于田园般的风景当中用餐一般。但设计元素以及材料的选择不应脱离乡土，色彩、植物、景观、摆件、家具材料等都应融入乡土元素，营造质朴的农家氛围。二是特色餐厅。这部分空间是在农业园区特色以及传统酒店特色基础上形成的，其布局与生态园餐厅有着较大的差异，应将重点放在展示传统习俗以及风土人情上，可以利用木材、石材等装饰元素营造质朴的田园氛围。建议打造以田园风情为主的主题餐厅，如利用木质的座椅、红色的吧台、原生态的盆栽等元素突出空间的多功能性，让人在良好的气氛中有更舒适的用餐体验。

2. 住宿设施

休闲农业园区的住宿服务，应根据游客规模和需求，确定接待房间、床位数量及档次比例。根据休闲农业园区总体布局，确定建筑的位置、等级、风格、造型、高度、色彩、密度、面积等。住宿服务设施设计，应符合现行《旅馆建设设计规范》的规定。残疾人使用的建筑设施，应符合《方便残疾人使用的城市道路和建筑设计规范》的规定。

居住空间设计分为两种。一是传统酒店式空间。虽然休闲农业园区具有乡土特色，但作为游客休闲旅游场所，现代化的集餐饮、娱乐、住宿为一体的传统酒店仍然是园区的必备建筑。在内部空间设计过程中，为了实现其现代化功能，既可以延续传统酒店式的空间布局，由客房以及卫浴两部分空间构成酒店房间，又可以增强房间的多功能性，如设计家庭间、套间、标间、单间等；但为了避免内部空间风格与园区脱离，可以通过装饰贴合休闲农业园的主题来改善，如灯饰（见图 3-4）、家具、窗帘等。装饰品可以选择贴合地域文化的风格。二是会所式酒店。休闲农业园区因其生态性与多功能性经常吸引大量高端商务人士的到来，他们对园区内的体验以及住宿有着更高的要求，利用会所式酒店可以为其提供私人定制服务，供其洽谈商务、接待贵宾等。这就需要在设计中，保障酒店内区域功能多元化，如娱乐、办公、居住等，并且还需要保障这类空间的私密性。

图 3-4 休闲农业园灯饰

3. 标识、解说设施

休闲农业园规划布局中，应在各种不同观光区域的显著位置设置标识（见图 3-5）、解说牌等。标识、解说牌应起到改善游憩体验、增进游客安全、避免意外灾害、阐释科普知识、宣传经营政策理念的作用。解说系统设计都应该以人为本，充分考虑到公众和旅游者的需要，通过系统、生动、有效的解说设施与服务，提高旅游者的游览质量和园区服务与推销效果。解说标牌的制作要精美，使其成为园区一道独特的景观，材质可选用木质及大理石石材，与园区的整体环境相协调。标识系统包括引导指示标志、公共信息标志。引导指示标志包括全区导游图、标示牌、景点介绍牌等。

图 3-5 休闲农业园标识

（四）道路交通系统

休闲农业园区内道路应以总体设计为依据，确定路宽及路面结构。道路网设计必须满足农业生产、农产品观光采摘、环境保护及果园职工生产、生活等多方面的需要。园区内部生产道路可采用规则式网格状布局，游憩道路以多种形式组成网络，并与外部道路合理衔接，沟通内外部联系。根据示范区内的活动内容、环境容量、运营量、服务性质和管理需要，综合确定道路建设标准和建设密度。

休闲农业园区道路按使用性质分为主路、支路、步游道路三类。

1. 主路

主路为休闲农业园区与外部公路之间的连接道路以及园区内的主道。外部主路按相应的国家公路等级进行设计。内部主路路基宽度一般按 5.0～7.0m 进行设计，其纵坡小于 8%，横坡小于 4%。

2. 支路

支路为休闲农业园区内通往各功能分区、采摘区的道路。支路路基宽度一般按 3.0～5.0m 进行设计，其纵坡小于 12%。

3. 步游道路

步游道路为休闲农业园区内通往景点、景物供游人步行游览观光采摘的道路。可根据自然地势设置自然道路或人工修筑阶梯式道路。步游道路宽度一般按 1.0～3.0m 进行设计，不设阶梯的人行道纵坡宜小于 18%。

第三节 休闲农业体验活动项目设计

一、体验经济视角下的休闲农业

20 世纪 70 年代，著名未来学家托夫勒在他所著的《未来的冲击》一书中预言：人类社会在“服务”的竞争之后，下一个需要的就是“体验”。之后，有许多学者对体验行为进行了研究。具有广泛代表性的体验的定义出现在 1999 年 B. 约瑟夫·派恩和詹姆斯·H. 吉尔摩共同撰写的《体验经济》一书中。派恩等认为体验是“当一个人达到情绪、体力、智力甚至是精神的某一特定水平时，他意识中所产生的美好感觉”。对企业而言，体验是“企业以服务为舞台，以商品为道具，以消费者为中心，创造能够使消费者参与、值得消费者回忆的活动”。在这里，消费是一个过程，体验是一种感受，当活动结束后，这种体验将会长久地保存在消费者脑中。消费者愿意为体验付费，因为它美好、难得、非我莫属、不可复制、不可转让、转瞬即逝。体验分为视觉体验、听觉体验、触觉体验、味觉体验和嗅觉体验等，实际体验往往是多种感觉的综合体验。通过这种追求“体验”和提供“体验”环境和设施，消费者和企业经营者进行互动而产生的经济相关活动称为“体验经济”。体验经济的显著特点如下：一是价值判断的主观性；二是消费者与经营者的互动参与性；三是劳动的非生产性；四是活动的娱乐性；五是产品的高增值性。

农业经济时代，以农业耕作生产新鲜产品提供消费；工业经济时代，以经过加工的产品提供消费；服务经济时代，以最终产品加上销售服务提供消费；体验经济时代，通过布置一个舒适、氛围高雅的环境，让消费者体验贴心的产品与服务来提供消费。体验经济在企业营销中的应用已经屡见不鲜。如厂家以免费体验产品形式吸引消费者亲身体会产品的性能，通过营造舒适的体验空间，提供体贴周到的服务，长此以往，使消费者对产品的价值认识超出了其本身的性能，从而欣然购买。同样的现象如去茶馆消费，优雅的环境、古典的音乐、精湛的茶艺、周到的服务给消费者带来了美好的精神体验，而与之相适应的是，一壶茶的价格也因为融入了“体验”因素而身价倍增。

在体验经济视角下，消费者不再限于购买产品后所获得的使用体验，更加注重产品生产过程中所获取的美好体验，即生产与消费过程的同步性体验。随着体验经济研究的深入，体验经济的思维已经渗透到各个领域，休闲农业更不例外。休闲农业作为一种新型农业产业形态，其特性和目标与体验经济的思想呈现高度的一致性。

从休闲农业的特性来看，休闲农业不仅依靠生产农产品直接获利，而且可以将农业生产过程、自然生态、农村文化和农家生活都变成商品出售。城市居民通过身临其境地体验农业、农村、农民资源，满足其愉悦身心的需求。高度的参与性和互动性成为休闲农业与体验经济的重要结合点。因此可以说，休闲农业活动的本质是体验。以体验经济的理念创新休闲农业，设计和开发适当的体验活动项目，会更好地满足消费者的休闲消费需求，提高休闲农业企业的竞争力。

体验经济视角下休闲农业的体验类型主要有以下四种。

（一）审美体验

西方美学史上对审美体验的探讨早已有之。究其本质，审美体验是一个心理学问题。休闲农业的体验过程即审美过程，是一种体验农村自然美、生态美、生活美的过程。如欣赏优美的田园风光、观看淳朴的民俗表演等都会使消费者沉醉其中，获得美的享受。这种心路历程是普通审美活动所无法给予的，它甚至会在相当长的时期内留在消费者的记忆深处。

（二）遁世体验

陶潜“采菊东篱下，悠然见南山”的怡然心境是众多奔忙庸碌者的深切向往。当代都市人在现实生活中承受太多的工作紧张和竞争压力，当他们沉浸在乡村生活、农事生产等乐趣中的时候，也短暂地忘却了城里的工作和生活的烦扰，获得一种全身心的解脱。如认养动物、认养农作物等体验活动可以在一定程度上缓解城市紧张生活带来的压力。

（三）教育体验

放下书本，走出学校，亲近大自然，是一种有别于学校传统教育的有效学习方法。中小学生通过亲身观察农作物、参与农事劳作等，可以印证书本中学到的知识，也可以学到书本中无法学到的知识。如学习农作物种植技术、水果的采摘技术以及各种蔬菜水果的营养价值等，都是一种教育体验（图 3-6）。休闲农业体验除可以增强消费者对农作物的感性认识和生态环境的保护意识外，还可以激发他们大自然的兴趣，丰富人生的阅历。

图 3-6 农业园采摘

休闲农业作为一种新兴的旅游形式，成功唤起了人们对传统农事的关注。一方面，休闲农业与农耕文明相结合，经营者可以向游客普及传统的农作方式；另一方面，休闲农业可以展示最新的农产技术，具有很大的科普价值。此外，休闲农业体验可以增强消费者对农作物的感性认识和对生态环境的保护意识，教育意义深远。

（四）娱乐体验

在休闲农业体验中，经营者为消费者提供劳作工具，示范劳作方式，手把手教给旅游者从事农业生产、农家饮食的技巧，与消费者进行城乡生活文化方面的直接沟通交流。在这种互动实践中，消费者自身心理和生理状态的某种匮乏可以在体验活动中得到一定程度的补偿，愉悦身心。而一些依据农事活动设计的竞技比赛更会带给消费者直接的快乐。体验经济的娱乐价值在休闲农业中得到了充分的体现。如北京延庆区西王化营村的彩薯认养活动曾轰动一时。游客在村内花费 100 元钱即可认养数米长、栽有多色品种的有机彩色甘薯一垄，并插上认养标识牌，体验“春插薯秧，夏采薯茎，秋刨甘薯”的乐趣。在招徕新客的同时提升了老客黏性，延长了产业链条，成为农事体验活动的杰出代表。

二、休闲农业体验活动设计与开发的原则

（一）特异性原则

在进行体验活动项目设计时应力求独特，要给游客耳目一新的感觉。乡村休闲是有别于人们日常生活的另类体验，只有那些城里人平日无法切身体验的活动才具有吸引力。有时候体验项目的设计可以超越现实，让游客有充分的体验空间。如经营人员可以配合体验的主题、氛围身着特定的服饰，以更好地营造体验的情境。此外，体验项目的设计可以同创意农业结合起来，通过共享创意农业的成果，将其合理地引用到体验项目设计当中，促进创意农业的成果转换，提升其市场价值。只有进行体验项目设计的不断创新，才能满足游客的新鲜感，带来更多的回头客。

（二）参与性原则

农业休闲体验区别于农业观光的重要方面是游客更多的积极参与。体验活动中一定要让顾客主动参与。因此，在活动设计时需为游客参与提供必要的缺口，如在节庆活动中留出游客参与的角色。此外，各种动植物认养活动也是参与性原则的具体体现。在休闲农业规划时开辟出小块土地让游客种植农产品，收取适当的管理费，休闲农业经营者帮助日常管理，收获季节游客来品尝或处理自己种植的农产品。动物认养亦是如此，游客可不定期照料自己认养的动物，与之交流互动。

（三）协调性原则

体验活动必须与当地农村自然环境或人文环境相协调。如进行乡村休闲体验空间分割设计时，就可采用篱笆墙而不是水泥墙。又如我国南北乡村文化差异较大，南方的纤巧精致的小园意境如果生硬地照搬到北方，显然与北方粗犷豪放的格调不相符合。此外，体验项目、景观营造确立的主题，应与特色农业资源相一致，否则会给人突兀的感觉，甚至是不伦不类。

（四）科技性原则

将最新的农业技术和农业成果与休闲农业相结合，设计多种类型、风格的休闲体验活动和产品，以满足不同游客的需求。如通过无土栽培繁殖的农作物、嫁接的农作物展示增加游客的感性认识；通过开发设计软件，将现代农业科技知识融入电脑游戏之中，让游客进行人机互动等。除此之外，还可以利用科技手段在体验产品设计中加入感官（视觉、听觉、味觉、嗅觉、触觉）的刺激，使游客增加体验的真实感，并适时进行体验产品更新和换代。此外，利用技术手段保证体验产品在设计和游玩中的卫生、环保等也特别重要。

（五）文化性原则

我国农业生产历史悠久，民族众多，各个地区的农业生产方式和习俗有着明显的差异，文化资源极其丰富，在进行休闲农业体验活动设计时要充分挖掘当地的文化资源，包括文化遗存、自然生态、文化底蕴等，对其进行整理、包装，设计出游客可以亲身感受的体验产品。在体验活动项目设计中融入文化元素，一方面可以提升乡村休闲体验的档次，另一方面也是对农耕文化的保护和传承。

三、休闲农业体验活动规划创新

（一）挖掘农业资源，提炼活动主题

休闲农业是根植于农村的农业旅游服务行业。对农业资源进行灵活的运用，可以发挥其最大效益。休闲农业的主题是休闲农业经营者对自身产品和服务特质的把握，是对休闲农业资源特色的集中提炼，也是体验型休闲农业市场差异化的重要基础。若能充分挖掘当地农业资源，开发乡村民俗文化，并运用区域规划和景观设计的相关理论，在提炼核心主题的基础

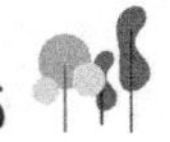

上对辖区内的休闲农业园区建设进行宏观规划和布局，构建合理景观结构，设计颇具特色的体验活动，将农产、消费场所和休闲场所打造成“一条龙”体验观光带，将收获较好的效果。

以意大利绿色旅游为例，据意大利环境联盟的最新数据，越来越多久居城市的意大利人选择远离城市喧嚣的乡村作为度假地，“崇尚绿色，注重质量”已成为人们休闲度假的新追求。为满足现代人对休闲生活的各种需求，意大利休闲农业经营者利用得天独厚的自然资源和人文条件，在乡村内全方位布置了多功能生活空间。此外，一些资金充足的休闲园区还配备了具有文化教育和休闲娱乐功能的公共设施，使乡村成为名副其实的生态教育农业园。

（二）规划功能分区，设计体验游程

体验活动的内容由各个情境、片段和人物组成，并通过一定线索串联起来形成完整的主题。为了便于统筹规划，减少游客参与不同项目来回奔波的劳累，有必要在规划休闲农业园区时确定分区类别及其具体方位，并根据设计的园区定位及游客偏好等因素规划各个分区的体验活动，提供必要的农具、渔具等器材和相应指导，以便于游客达到预期的体验效果。另外，宜通过设计行走便捷、风景优美的连接道路，连通游客的活动点和休息区，以期形成一次完整的乡村体验游程。

例如北京市蟹岛绿色生态度假村，遵循“生态、环保、可持续”的设计理念，采用典型的“前店后园”的经营格局，规划合理，功能齐备，共划分为农业种植养殖区、可再生能源利用区、湖滨生态展示区、环保生态产业园区、休闲度假区等多个分区，构建了一个主题鲜明的农林牧渔综合发展，环保高效、自然和谐的经济生态园区。另外，该度假村区间连接道路的设计也值得称道：通过巧妙的贯通式设计，将游客的活动点和用餐点功能性结合，使得整个生态园区浑然一体，井然有序。

（三）深化绿色改革，优化服务品质

我国很多地方农业资源丰富，田园风光优美，但尚未进行有效的整合和合理的利用。一些地区甚至存在环境破坏、资源浪费、能量流动效率低的问题。作为一种反映新农村面貌的旅游产业，休闲农业尤其是体验式休闲农业，必须重视在资源与环境利用方式上的改进，避免上述问题。

此外，服务品质的提升也是发展休闲农业的重点所在。一方面，应完善基础设施建设，加强人才培养；良好的交通设施、全面的防护设施、必要的娱乐设施（见图 3-7），均应纳入基础设施的建设范围内；实行柔性流动政策，联合高校、科研机构等全方位加强人才队伍的培养。另一方面，要注重游客体验，保证服务综合性：将游客的直观体验作为休闲活动项目设计的首要考虑，着手郊区休闲农业与乡村旅游信息化建设，建立信息预告制度，为居民休闲做好引导和开发工作。

四、休闲农业体验活动项目设计

如前所述，休闲农业已成为一种新型产业，并显示出较强的生命力和发展前景。各地休闲农业蓬勃发展，为充分开发农业资源，调整和优化产业结构，增加农民收入，促进城乡和

图 3-7 儿童娱乐设施

谐发挥了重要作用。虽然我国休闲农业发展形势喜人，但从各地的实践来看，休闲农业园区的开发与经营依然存在不少亟待解决的问题。其中之一表现在休闲农业活动项目同质化现象严重，缺乏创意和吸引力，成为束缚我国休闲农业发展步伐的瓶颈之一。因此，以游客为中心，设计一些游客喜闻乐见、参与程度较高的体验活动项目，对增加休闲农业企业的市场客源非常必要。

(一) 可用于体验的农业资源

自古以来，农业资源运用于农业生产，供给人们基本生活所需。但随着农业功能的拓展，较传统农业更具先进性的是，休闲农业不仅具有食品保障功能，还具备了原料供给、就业增收、生态保护、观光休闲、文化传承等功能。农业的环境与资源特质，为发展休闲体验活动提供了最适当的来源。本书所述农业资源，是指所有能够投入体验活动的农业生产、农民生活、农村生态等要素的“三生”资源。我国台湾学者叶美秀教授对此进行了详细的阐述和分类，简略归纳如下。

1. 农业生产资源

① 农作物。主要区分为粮食作物（如谷类作物、豆类作物、薯芋类作物等）、特用作物（如纤维作物、油料与糖料作物、嗜好作物等）、园艺作物（如果树、蔬菜、花卉等）、饲料与绿肥作物、药用作物（如药草、香草等）。

② 农耕活动。主要有水田耕种、旱田耕种、果园耕种、蔬菜花卉耕种、茶园耕种等。

③ 农具。主要有耕作工具、运输工具、贮存工具、装盛工具、防雨防晒工具等。

④ 家禽家畜。如猪、羊、牛、马、驴、鸡、鸭、鹅等。

2. 农民生活资源

① 农民本身。如当地语言、宗教信仰、个性特质、人文历史等。

② 日常生活特色。如饮食、衣物、建筑物、开放空间、交通方式等。

③ 农村文化及庆典活动。如工艺、表演艺术、民俗小吃、宗教活动等。

3. 农村生态资源

① 农村气象，如节气、天象等。
② 农村地理，如地形、土壤、水文等。
③ 农村生物，如乡间植物、动物、昆虫等。
④ 农村景观，如当地乡村整体风貌、稻田、果园、巷道、林间等。

（二）休闲农业体验活动项目设计程序

1. 进行资源评价，提炼主题

休闲农业的主题是休闲农业经营者对自身产品和服务特质的把握，是对休闲农业资源特色的集中和提炼，也是体验型休闲农业市场差异化的重要基础。在开展丰富的体验活动项目的基础上，如果能充分挖掘当地农业资源及乡村文化，设计有主题特色的体验活动，可加深游客的印象。休闲农业体验可以有多姿多彩的体验主题，如草莓节、插秧节、葡萄节等。将农业生产场所、农产品消费场所和乡村休闲场所有机地结合在一起（如图 3-8），开展观赏、采摘、品尝、绘画、摄影、庆典等主题活动，让游客全面体验农业休闲的乐趣。因此，在进行休闲农业体验活动项目设计之前需要对当地的农业生产、农民生活、农村生态资源进行综合评价，特别要注意依托已经具有一定产业基础、形成一定产业规模、占有一定市场份额的特色产业。此外，在设计体验主题时需要设计者充分发挥想象力，体验活动越独特，对消费者的吸引力就越大。

图 3-8 盐城仰徐农业园——葡萄园

2. 规划功能分区，进行体验游程设计

有了好的主题，还要有好的内容去体现和填充。体验内容由活动的各个片段、情境和人物构成，并用一定的线索串联起来，形成一个完整的主题。为了便于游客选择和统筹，有必要进行体验活动区的规划，并且在每个体验活动区明确说明体验活动事项名称，有专人示范讲解，提供必要的农具，指导游客亲身体验。体验活动区之间有交通工具，同时应有鲜明的路牌指示。总之，应以体验活动为主，将游客的集合点、用餐点等有机结合起来，形成一次完整的乡村休闲体验游程。借助于天时、地利、人和，从游客到达休闲农业园区开始，到游客离开，合理的体验游程设计会为游客带来充分且全面的体验，有助于提高休闲农业经济效益。

3. 搭建体验场景，营造体验气氛

要利用现有的体验资源搭建体验的场景和“舞台”，营造真实的体验场景和气氛。一是进行体验空间的营建，包括人文活动体验空间，如农村公共休闲空间；生态景观体验空间，如农村的古树、绿竹、灌木等。景观营造遵循修旧如旧的原则，保持原有的乡村风情、民族传统和历史风貌，突出以人为本，人与自然和谐共生。可以在挖掘民俗文化底蕴的基础上，设计乡村民居、手工作坊等若干场景。二是进行体验气氛的渲染，可制作与体验项目风格一致的背景音乐，加之身着特定服饰的服务人员韵味十足的示范表演，为游客营造出身临其境的最佳氛围。除了调动游客的视觉和听觉以外，还应该全面调动游客各种感官参与，让所有人都成为体验活动的“演员”，参与表演。

4. 活动策划，注重体验产品延伸部分的设计

农村地貌风情的观光、农作物的观赏等只是体验活动的类型之一。要围绕主题进行整个活动的策划，利用传统手段和高科技手段提高游客体验的主动性。此外，“酒香不怕巷子深”的观念已一去不返，为了更好地将休闲农业的体验特色宣传出去，有必要通过各种途径开展市场营销。如休闲农业企业联合促销，策划重大旅游节庆日（见图 3-9），同旅行社建立业务关系等。此外，还可利用互联网技术进行网络营销等。为了提高休闲农业综合体验效益，加深游客对体验经历的体会和回味，除了对核心体验产品进行设计之外，还需要对体验活动的延伸部分进行设计，如体验活动纪念品的设计。

图 3-9 旅游节庆日：盐都农园采摘节

（三）休闲农业体验活动项目

按照前述农业资源的分类，设计可供体验的活动项目如下。

1. 农作物体验项目

在不同的节令，观赏作物的枝、干、叶、花、芽、果的形态展现；配合农耕活动，参与选种、育苗、移植、施肥、中耕、灌溉、修剪、除草、收获、加工处理；体验果蔬采摘、煮食方法、加工利用方法、纺织等。

2. 农耕活动体验项目

大部分农耕活动包含春耕、夏耘、秋收、冬藏。各种农作物耕作活动的重点不同。

① 耕种：育种、育苗、整地及种植等。

② 管理：包括灌溉、施肥、病虫害防治、中耕除草、修剪等。

③ 收获：采摘、收割等。

④ 贮藏：晒干、冷冻、腌制等。

配合各季节农耕活动的生物特性进行技术性的讲解。组织旅游者参与各项农耕活动或发展为竞赛。

3. 农具体验项目

配合农耕体验活动的附带器具展示；一些农具可供人操作或实际使用。

4. 家禽家畜体验项目

可配合当地菜色，进行特别的烹调、加工；参观体验家禽家畜的羽毛、毛皮或蚕丝的加工过程；游客照顾小动物，如喂鸭、喂鸡、喂牛等；配合各种农耕活动或牛、驴、羊拉车等活动。

5. 农民本身

挑选一些有个性、特色、专长的人员进行简单培训之后，面向游客服务。可以教游客做农家饮食；教游客织布、做衣；直接和游客交流、聊天；任短距离游程导游，进行农作物、农事解说及示范；担任各种农事、节庆、器具使用的活动表演者；穿上农家服饰，担任游客服务工作。

6. 日常活动体验项目

游客品尝传统的农家饭、农家菜；将农家传统服饰租给游客游玩时穿戴、照相；游客住农家院落，使用家具摆设及设备；游客享受乡村生活，饮茶聊天等；教游客玩传统的民间游戏。

7. 农村文化和庆典活动体验项目

设立文化、民俗、庆典活动的展室；让游客装扮成庆典活动中的角色，亲自参与到活动的表演之中。农村文化如雕刻、绘画、玩具、杂技、歌谣、舞蹈等，庆典活动如祭典、节日（嘉年华）。

8. 农村气象体验项目

根据气候与农业的关系，列出各季节与当地农事的关系，做成展板展示，并由专人讲解；组织游客举行各种与天气有关的成语接龙或歌曲接龙；组织游客扎、放风筝，制作风车，夜晚观测星空等；利用二十四节气安排游客相应体验活动，如寒露时尝蟹赏菊，立冬时进补等。

9. 农村地理体验项目

提供给游客不同类型的行走体验，如经过密密的竹林、穿越果实累累的果园等；安排与水有关的活动，如池塘捕鱼、钓鱼、观察蝌蚪、沟渠流水中玩水、水井边利用汲水器打水等。

10. 农村生物体验项目

为游客提供捕捉、渔捞、采集、烹饪的设备和工具，让游客享受从田间到饭桌的过程；教给游客各种鱼的煮食方法，如在烧烤台进行烧烤；教给游客当地一些野菜的识别方法，游客挖野菜、洗野菜、烹饪野菜、品尝野菜。

11. 农村各类景观体验项目

建造乡村特色的景观，提供给游客拍照、宣传；开辟休憩空间，供游客休息；设立观景台，供游客登高观景。

第四章

乡村街道空间设计

对于居住于村庄的村民来说，村庄的人工物质环境与其生产生活休戚相关，而凯文·林奇告诉我们，这其中可被人们感知的最强烈的元素便是道路、边界、区域、节点和标志物，这些具体到一个村庄上便是村庄的肌理要素。村庄肌理不仅从物质环境建设角度反映了一个村庄的成长历程，更从人文美学角度阐释了一个村庄的历史脉络，生动地展现了在其中人们的生活场景。

大多数情况下，人们对一个村庄的感知来自道路，在这一网络格局上，串联着一些具有特色的地标、节点等意象元素，能够使人们强化对地段的认知，从而产生精神上的归属，如若保留某一特色地段的道路肌理，就会显示出一种独特的文化诉求。

第一节　乡村文化墙设计

一、美丽乡村文化墙的重要意义

（一）传播并挖掘文化

从民族发展来讲，文化属于其根基，在长期发展过程当中是一个民族得以维持发展的主要因素。所以在美丽乡村建设过程当中，文化建设属于重中之重。这就需要整合乡村现有的文化资源，通过乡村文化墙传播道德以及科学文化知识，并且营造良好的文化环境，使乡村人民的知识水平和受教育程度以及文化观念都得到提高。乡村文化墙的作用，一方面是传播文化知识以及科学知识，使农民的文化生活变得更加丰富多彩，另一方面则是对当地所特有的文化进行深入挖掘，包括地方特色文化以及农耕文化。

（二）促进美丽乡村建设进步

从乡村发展来讲，村庄属于农民的物质寓所，也是生活在此地的所有人民的精神家园。因此，在进行乡村文化墙建设过程当中，通过将文化和艺术进行结合，并在文化墙上进行展现，使乡村的整体文化品位都得到了提升，而且通过这种艺术化的文化改造方式，使得乡村的人文体系建设工作也有了很大的进步，对于当地村民的行为方式会产生非常积极的影响。同时在进行文化墙建设过程中，所宣称的相关文化知识，不仅能够使村民学到有用的知识，

使其精神力量得到增强，同时对于我国美丽乡村建设的脚本加快也起到了推动作用，而且还会宣传历史文化遗迹、法制知识和社会主义核心价值观，对于村民的精神文明建设和科学文化素养提升均具有非常重要的意义。

二、美丽乡村文化墙当前现状及建设优势

美丽乡村进行文化建设的首要任务就是建设文化墙。它不仅可以为农民提供开展文化活动的场所，还有助于农村进行精神物质文化建设，从而推动社会主义新农村的发展。文化墙是通过按照特定的风格和色调来统一粉刷、装饰农村主要街道的两侧墙体，将社会主义核心价值观及相关的学习教育，以及新农村文化建设活动、科普知识和传统的思想道德教育等知识内容，采用书法文字或卡通漫画等绘画表现方式，在各村主要街道用墙体彩绘出来，进行文化知识宣传。

而今国内现有乡村文化墙并没有大的区别，各乡镇、村之间很难有独特创新之处，缺少地方文化特色，贴近群众生活的本土文化墙较少；文化墙建设多为业余人员，墙体设计和布局、创作水平和绘画技法稍显能力不足；文化墙的内容更新速度也非常缓慢，并且墙体随着时间推移，或多或少都会有些破损褪色，在后期整理维护方面也未能跟上。但是，广大农民群众的文化素养却在不断地提高，审美品位也在与时俱进，内容过时的文化墙和单一的绘画风格，已经难以吸引居住村民或来往游客的关注。

作为文化和艺术的结合，各类文化墙、壁画墙的建设，已成为发展美丽乡村、提高城镇文化品位的一条路径。而文化墙这种将生活居所艺术化的改造方式，直接提升了当地人文体系的建设，同时对于当地群众的行为方式也产生极大的影响（如图 4-1 美丽乡村文化墙）。

图 4-1　乡村文化墙（盐城塘桥村）

乡村文化墙不仅是一道文化景观，可以美化乡村的文化环境，而且在长期进行文化宣传的过程中，还能使农民接受教育。文化墙上宣传的文化知识不仅使农民学到了有用的知识，增强了农民的精神力量，还有助于促进美丽乡村建设的全面发展。另外，农村科普文化墙在弘扬历史文化、宣传法制知识时，还要树立社会主义核心价值观，以便促进农村的精神文明建设，提高农民的科学文化素养。

三、建设美丽乡村文化墙的有效方式和途径

在进行美丽乡村文化墙主题设计时，要符合时代要求，将农村的精神文明建设作为主要的文化宣传内容，注重践行社会主义核心价值观。用通俗易懂的语言和生动形象的图画去阐述文化价值理念。美丽乡村文化墙的建设方法和途径主要有以下几个方面。

（一）宣传平台的投入力度加大

为了更好地开展美丽乡村文化墙建设活动，改善美丽乡村建设中的文化墙设计现状，政府应该在文化资源和资金投入方面，给予农村更多的支持。比如制定一些相关的政策，对村内的文化墙进行优化设计，使文化墙成为建设美丽乡村文化的有效途径和乡村集体文化建设的重要平台，将一些诸如荣誉、耻辱、善恶、美丑等概念变成生动具体的形象，帮助村民树立正确的价值观念，并对村民进行思想道德教育，从而提高农民的思想道德水平。

（二）建设内容形式多样

文化墙是美丽乡村建设中的主要文化建设内容。建设乡村文化墙除了可以采用手绘的方式以外，还可以利用喷绘和流动宣传等方式，开展文化宣传活动。如果村内文化墙上的宣传内容需要定期更换，就采用手绘的方法，将一些党和国家的新政策和新思想作为文化墙上的宣传内容进行绘制。如果需要对文化墙上的内容进行长期宣传，或是短时间内不需要进行内容更换，可以使用 PVC（聚氯乙烯）板或陶瓷板等材料进行喷绘，便于农民长期观看文化墙上的宣传活动内容。如果是为了降低资金投入成本，可以采用流动宣传的方法，制作流动文化墙，进行乡村文化宣传活动。

（三）加强文化墙建设队伍

加强对美丽乡村文化墙的建设，不断壮大农村文化墙建设队伍，充分调动农民群众中文艺人才的积极性，使其在农村文化墙建设主体中起到传播和带动作用。另外，想要更好地开展美丽乡村文化墙建设活动，组织高校、社会团体或是群众到农村开展文化下乡活动，丰富农村的文化生活，使农村的文化活动内容更加多样化，进而为农村文化墙的建设奠定良好的基础。

四、建设美丽乡村文化墙的设计原则

（一）文化墙绘制的组织性和计划性

文化墙的设计具有组织性和计划性。通常文化墙的设计和绘制都是由政府宣传部门承担

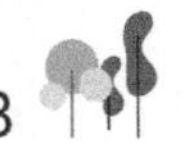

的，绘制人员在经过反复思考后，对文化墙的主题、图案及色彩搭配等问题有了明确的计划后，再在规定的时间内进行绘制，从而完成文化墙的绘制工作。

（二）文化墙设计的复杂性

文化墙在公共空间内，面对的是普通大众。在进行文化墙绘制时要考虑墙体周边的环境，以及受众的文化水平。针对墙体的材质、大小和文化墙的主题，以及文化墙绘制时的表现手法等，经过全面考虑后，才能进行合理的设计。另外，在设计文化墙时，还要考虑它的时间效应。吸引人的设计在0.3s之内即可引起人们的注意，而且这种注意只会保持3s左右的时间。所以那些设计独特、新颖，且简洁明了，又富有时代感的墙面才更能在短时间内吸引大众的关注。

（三）文化墙的生命周期长久性

传统的纸质媒体与电子媒体等媒介，一般不会重复刊登信息，发布的信息大约可以维持几天时间。但文化墙与这种媒介不同，它是有一定生命周期的。文化墙上的宣传内容保留的时间比较久，大多数文化墙上的信息只有在拆除墙体时才会消除，所以文化墙的生命周期是比较长久的。也正是基于文化墙自身生命周期的长久性，才使得处于同一位置的文化墙，对于不同的受众起到了相同信息稳定频繁灌输的作用。

五、关于美丽乡村文化墙内容优化与提升的建议

（一）重视整体的规划设计

文化墙作为美丽乡村文化建设中的主要内容之一，在绘制文化墙之前，需要先深入到村民中，了解实际的民情，对村民的喜好和村庄的特色有充分的认识，然后与村干部一起对本村的文化墙进行因地制宜的规划。比如以工业主导的村庄，村中文化墙上的内容一栏里大多是以产业升级和政府的各项帮扶政策为主；以种植和养殖为主的村庄，文化墙上的宣传内容以科学种养和生态农业发展规划为主要内容；以旅游文化为主的乡村，要多宣传一些历史文化知识，拉长文化产业链条。另外，文化墙的主题绘制还要分别以村口、村委会、村内的文化广场等为区域进行绘制，比如对于村口街道两侧墙面上的宣传内容绘制，可以弘扬社会主义核心价值观为主题，对于文化活动广场附近的文化墙，则可以健身娱乐作为主题。

（二）以宣传主题为文化墙绘制素材，宣传内容的体裁应当多样化

建设美丽乡村文化墙的目的不仅是为了宣传社会主义核心价值观、建设美丽中国、弘扬中华传统美德、保护生态环境等，也是对农民群众进行科学知识普及、规范公民思想道德行为，同时能对当地的旅游文化进行大力宣传，以促进当地经济文化的发展。当然，除此以外也可以宣传当地的村史，或者村中的模范人物、模范家庭等。而这些内容也都可以作为乡村文化墙建设中弘扬农村文化建设的素材。

在绘制乡村文化墙时，如果是以社会主义核心价值观为宣传内容的文化墙建设，在进行文化墙设计时还要将乡村文化墙的区域特色凸显出来，同时文化墙的设计还要迎合时代的需求。

（三）因地制宜凸显地方文化特色

文化墙的受众对象是广大农民群众和外来游客等，在设计布局之前应优先考虑群众的喜好以及能够接受的程度，在创作形式上应注重运用文字语言、色彩线条、体积块面等，广泛采取写实、夸张、变形等多种艺术手法。由于各地风俗习惯、村民的文化素养不同，各村落在创作内容上应结合自身实际挖掘当地特色文化，创造性地建设文化墙，力求体现时代特色，展示地方精神风貌。以“一墙一主题”的方式进行打造，如美食文化，绘制当地特色菜肴、传统糕点；历史文化，民间口口相传的传说故事或人文历史；红色文化，宣扬爱国精神，社会主义核心价值观等；景点文化，村落附近的旅游景点等，都可以此展开，作为文化墙的绘制内容。

这种凸显地方特色的文化墙，内容丰富多样，既贴近群众的生活，又展示了当地的文化，让群众喜闻乐见，由“被动接受”变为“主动观看”，在寓教于乐中发自内心地喜欢文化墙，还能积极参与到文化墙的创作当中，为文化墙的创作理念提供素材。

一幅幅内容独特、风格迥异的文化墙（见图 4-2），活灵活现地传递着当地的历史文化与特色品质。本来普通的村庄，因墙体而异彩纷呈，文化因墙体可感可触。美丽乡村文化墙既是当地的一张文化名片，又是彰显地方个性、宣传当地形象的新兴传播载体。

图 4-2 美丽乡村文化墙

美丽乡村文化墙的设计和建设，不仅是我国社会主义新农村建设中的重要文化建设内容，也是构成乡村公共空间的要素之一。建设乡村文化墙对于自然景观和乡村景观的形成、各种信息在乡村的传播及乡村产业经济的发展等都具有重要作用。虽然目前我国的乡村文化墙设计仍然存在诸如水平参差不齐、设计内容的视觉效果不佳等问题，但随着我国政府部门的相关管理监督机构对乡村文化墙建设重视程度的提升，我国的乡村文化墙设计和建设将会朝着好的方向不断发展，营造出和谐美好的乡村文化氛围，为美丽乡村的建设提供更多有利的条件，从而加快美丽乡村的文化建设进程，推动“美丽中国”建设的进一步发展。

（四）文化墙案例：一画一景，墙体画扮靓新农村

位于辽宁省沈阳市康平县的东升满族蒙古族乡把美丽乡村的院墙整理、农村环境整治与美术高校大学生社会活动结合起来，共在5个村绘制了4600m^2、共计1200余幅墙体画，美化了乡村的街路两侧环境。现在的院墙是整齐的、统一的建筑古典风格，墙上还有优美的山水画。

作为乡政府所在地的东升村2017年开始实施村民建筑围墙改造工程，对胡同巷路两侧村民围墙进行投资改造。对于村民围墙不整齐的情况进行统一找齐，对于被村民自建院墙占路的进行道路加宽。2018年，该村院墙全部建设完毕，墙壁被统一建成古典院墙形式。

这里的围墙改造工程累计长达11000多米，街道也全部实现硬覆盖，以前的泥土道路都变成了干净的硬路面，整个村子的面貌焕然一新。

东升村的绘画内容主要是党建、村风整治、垃圾归类、卫生三包等，每块宣传内容都配有优美的山水画，不同的院墙山水形态各异。

东升村的绘画规划面积总计3000多平方米，已完成2000多平方米，院墙美化初具规模。在庄稼茂盛的夏季，带着山水画的院墙和绿油油的庄稼相映成趣，受到村民的欢迎。

以往的东升村村民院墙，最常见的是五花八门、五颜六色的喷绘广告。东升乡对村民院墙进行统一建设和美化后，村民们的生活环境让人眼前一亮，无论是农忙还是农闲时，都有一种赏心悦目、身在画中的乐趣。

同时，这里还进行了“三清一改”工程，即清理垃圾、清理粪堆、清理柴草堆、改造旱厕。如今整个村子的卫生环境和生活焕然一新，村民们笑在脸上，美在心里。

第二节　乡村街巷景观设计

一、乡村景观设计的基本原则

乡村景观设计是一次发现美、提炼美、升华美的过程，是一次美景的梳理与规划过程。好的乡村景观设计应当重点关注村落的外部空间与环境系统、空间结构与区域地景观格局之间的重构以及公建与公益性设施的规划与建设。同时，能够将现代人生活的便利性、参与性和趣味性植入原乡化的乡村生活。图4-3为美丽乡村入口景观。

图 4-3 美丽乡村人口景观

具体而言，优质的新乡村景观设计应该满足以下几项基本原则。

（一）真实性

真实强调的是对事物本质的感受。艺术的真实性原则是事真、情真、理真的三位一体，高度统一。维护乡村景观设计的真实性，即承认并维护乡村和都市景观的二元性，尊重乡村自身的自然个性与人文个性，这是乡村长远发展的根本。

乡村及其农业种植区只有作为绿色基质时，才具备景观性，而一旦进行开发与建设，其原生的景观性就会遭到大幅削弱。因此，通过对比、分析与整理，提炼乡村地景景观资源的个性与特质，拉近乡村生活、农业生产与地景塑造之间的关系，使生产、生活与观光融为一体是乡村景观设计工作需要关心的要点与难点。规划设计工作者应寻找挖掘具体的可以彰显、体现并延续具有特定乡土气息的村落空间构成和地景景观塑造的策略与方法，而不是制作概念化的示意简图与描述性的规划原则。

乡村的杂乱性也是乡村朴素生活的一种自然流露。与被精细划分的专业化的城市专属性空间的表现有所差异，乡村的杂乱性代表一种随机的设置，是乡村人情化与趣味性的自然表露。挑担的小贩“见缝插针”摆摊贩卖本地产品，特别是特定时节会集中出现的市集，是乡村长久生活实践选择的最有效与实用的商业模式。事实上，自聚落和贸易出现之日起，就有货摊出售物品。设定特定位置由摊贩自由销售某些类型的商品能够提高零售区受欢迎的程度，使广场或人行环境充满活力，同时为乡村社区提供安全的社会保障。真正影响乡村公共空间品质的，不是上述这种零售形式，而是在未经管理的情况下，因公地效应造成的公共环境损坏和利益驱动下的不良经济行为。参考在旧金山、伯克利、波士顿、芝加哥、尤金和波特兰实施的零售法案可以看到，在这些城市，新的零售法规详细规定了零售地点、规模和货车的设计，所售货物的类型以及允许的价格，所销售的东西通常是那些城区商店没有提供的，如水果、蔬菜、鲜花、手工艺品和外卖食品。以此经验可知，允许乡村聚落根据实际需求进行合理的摊贩零售行为，依照需求在合理的空间设置合理数量的“多用途”公共空间，既可以展现乡村原本的生活面貌与地方产品，又可以提升空间活力、创造地区财富。

乡村景观建设的真实性原则，既是选择材料、营造场所与美化感官的真实性，又是体察民生、考量社会需求、设定区域社会经济与文化发展等区域愿景目标的公务行为的真实性，是一种设计结合自然的设计逻辑，更是一种理论结合实践的实事求是的生活哲学。

（二）功用化

功用意指功能和作用。对功用的提升，即对实践的支持；提升功用设施的舒适性与便利性，即大幅提高空间质量、带动空间活力的有效措施。乡村作为一种最初的功用性的聚落产生于人类的生产与生活实践之中。农业生产、生活和社交是乡村必备的基础功用，而满足这些基础性的社会功用需求是乡村景观建设必备的基本特征。

提升新乡村景观建设的功用化，主要体现在服务于现代化农业生产活动的设施与其特有空间的景观化，丰富、改造现代乡村生活所需的便利化、多样化的生活设施，塑造便于人们自由沟通的舒适的公共空间。因乡村在公共土地利用方面的集约化、便利化发展需求，这三类功能常常按照紧凑集约的务实原则达成在空间上的紧密关联，甚至交叠于同一空间中。

纵观当下我国乡村景观建设实践，景观资源保护完好的地区、乡土气息浓郁的原始村落大多位于人迹不便到达的地区，也就是目前道路交通设施、市政基础设施建设尚未完善的地区，这些村落也恰恰就是那些未来最有可能不被城镇吞并、仍以原乡形式为农业生产提供聚居生活空间的场所。因此，对这类村落采取引导性的保护工作，提炼特色景观区域，整理公共资源空间，将其改造设计成可以同时服务于原住民并吸引外来游人的良好的生活场所，将是一项长期的工作，也是近阶段收益效率较高的一种投资方式。

（三）整洁化

整洁指规整而洁净，这里的整洁是作为杂乱和无序的对立面而存在的某种秩序。整洁的程度直接影响着美感的形成。

乡村的整洁，既是良好社会秩序的反映，也是良好社会秩序得以持续的基础。为更好地维持社会秩序，避免公地效应和破窗效应的发生，采用一定的措施维护空间环境的整洁是十分必要的。

当下，影响乡村风貌整洁的主要因素，是胡乱弃置的生产和生活垃圾以及碎片化的场院空间与村巷。这是由于乡村原住民的环卫清洁意识较为薄弱，垃圾收集设施设置的不合理或缺失造成的，也更多地反映了既有乡村级公用基础设施建设方面的不足与缺失。

要维护乡村的整洁，首先要做的就是根据村落的现实情况及时规划和建立垃圾、污水等乡村日常生活与生产性废弃物的收集和管理系统，投入相应设施，并大力普及垃圾分类与雨污水收集等生活常识。同时，对村民的引导也十分重要。当村民意识到整洁化的环境能够为村落创造更多的旅游收入与产业发展空间的时候，人们将会自发地开始维护自家院落乃至整个村落的环境整洁。

（四）简约化

简约是一种起源于现代派的极简主义的设计风格，是将设计元素、色彩、照明和原材料简化到最少的程度，同时对色彩、材料的质感进行严格控制，在施工上更要求精工细作，力求为空间赋予真正的品质。因此，简约化的空间设计通常会带有含蓄而清明的美感，往往能达到以少胜多、以简胜繁的效果。

在乡村景观设计上采用简约化风格，意味着新景观与设施应该以更少的介入，将自身融入乡村的故有文化与习俗的自然传承中。

简约化并不等同于场所环境的形式语言与实用功能的简单化，抑或是绝对数量的增减与相对规模的大小。相反，升华到艺术与人文境界的简约化乡村环境塑造行为均源自对具体的实际功用性的深层级思考，具体使用功能的兼容性与复合性以及对具体、真切的原乡化的风景与风貌的理性提炼和重塑。

原乡化的景观设计需要对乡土资源、本土材料与建造工法有深入的了解与认知；进而能够依据新的空间需求进行最少打扰的简约化设计，尽可能地避免引入非原生植物，控制对非本土材料的使用，沿用当地传统的构造与工法，将人的视线从繁杂而无意义的过度装饰中解放出来，回归到原真的乡土美感体验中。

（五）常态化

常态指平常的、正常的状态。常态代表着系统的稳定，意味着社会生活的有序，是舒适与平稳生活的必备条件。

常态是真实的繁荣，是对地方经济、社会生产与居民生活真实客观的反映。常态化的乡村景观，不应是东施效颦的工业化装饰，也不应是表面功夫的节庆工程。常态的乡村景观，应是田间的辛勤挥洒与农机轰鸣，是市集上的讨价还价与热闹繁华，是播种季精心梳理的土地，是丰收季的仓满屯满，是雪落如盖与绿树成荫，是犬吠鸡鸣与小桥流水人家。

常态的形成，需要乡村改造能够真正地激活乡村自身的活力。乡村景观需要切实成为满足村民与游客的新生活需求，并为人们日常所用的人性化场所。这就需要设计师对维系每个乡村实现高活力发展的内在动力因子进行有的放矢的实地研究与体验。

每个乡村均具有在区域系统中独一无二的特质和不可或缺的独特作用，不同的动力因子因村而异、千村千面，均需要设计师站在区域的高度，以更广阔的视角去探寻。

二、美丽乡村建设中乡村街巷景观设计

美丽乡村建设中，在村落改造方面提出“一村一韵”的改造要求，富有特色的街巷景观就成了美丽乡村建设的重中之重。村落街巷景观的改造是一项复杂而有趣的工作，应合理利用村落景观现有资源，改变村落街巷不合理的现状，突出乡土材料的经济、便捷性。下面分析常用乡土材料在街巷垂直界面、街巷铺装、街巷景观小品、街巷植物中的运用。

（一）街巷垂直界面

浙江民居中马头墙将村落空间划分得具有强烈领域性。不同的自然条件、地理位置、历史文化背景以及当地人们的审美取向，对不同地域风格和形式有着深远的影响。如杭

州南宋御街，把原来的香糕砖和有历史韵味的青砖结合。墙体的特色是将一些老旧的自行车、旧水壶等能体现人们过去生活的元素，搭配青砖、水泥，表达新旧元素的结合，在生活中展示艺术。南宋御街之所以出名是因为以前很多人生活在这里，这种改造方式能唤起人们对过往生活的回忆。像绩溪博物馆所在的徽州，很多老的建筑屋顶都是采用小青瓦（见图 4-4）。瓦也作为绩溪博物馆的一大特色。挂瓦墙、镂空墙体（见图 4-5）设计中，各种形式的组合叠放，形成多种空间秩序，展现出瓦片多种组合的可能性。乡土材料通过其特有的肌理、质感来表现垂直界面。又如日本在长滑制陶工业遗址上打造陶瓷体验博物馆（INAX Life Museum），博物馆群曾荣获 2007 年度 Good Design 大奖。其中，夯土墙的运用充分发挥“土”的特点，在垂直外立面使人感到“土”的魅力以及土的深刻含义。

图 4-4　小青瓦屋顶

图 4-5　镂空墙体设计

（二）街巷铺装

地面铺装始终贯穿于整个村落街巷景观改造，如同手链中的线，而景观小品、植物造景和垂直界面如同手链上的珍珠，形成自然、淳朴、特色鲜明的景观形象。青砖是生土烧结而成，有助于缓解地表水难下渗的生态问题。浙江下渚湖二都村街巷铺装采用青石板铺路，色调统一的青砖将整个村落空间串联起来，通过条石铺装来增加变化，增加了整个村落的怀旧气氛。色调比较深沉、厚重，富有传统意味。街巷铺装具有导向性，通过丰富的组合和搭配方式，可以形成亦静亦动的空间界面。在皖南的村落街巷空间中多以静为基本特征，村落中常用鹅卵石和青石板铺成道路（见图4-6、图4-7），给人带来场所的亲切感和历史感，增加空间的自由曲折、轻松自由的氛围。在浙江缙云一些古村落里，还可以见到地面用碎瓦或鹅卵石铺砌成具有当地特色的装饰图案，丰富了整个空间的层次感，同时将历史传说、传统图案相结合，体现出传统街巷四通八达、迂回婉转、幽静深远。在杭州法云古村改造中，铺装

图4-6　碎石青砖小路

图4-7　青石板道路

采用青石板，质感上粗疏，色彩上深沉，呈现出离物欲、融入自然、顿达心境之妙。这些乡土材料在街巷铺装中传达出浓厚的地方文化特色。

（三）街巷景观小品

街巷景观小品以缸、瓦、石材料等为主，如浙江义乌缸窑村街巷的标志牌、指示牌及小座椅等都是用缸瓦和石材制作而成的，独特的造型体现了缸窑的地域文化。随着经济的飞速发展，我们还可以把传统的乡土材料和现代新型材料相结合，达到意想不到的效果。莫干山入口景观小品（见图4-8），运用土色的钢材与青砖拼接装饰，整体上形成现代与传统结合的景墙。

图4-8 莫干山入口景观小品

综上所述，景观小品的创作要在尊重当地乡土材料的基础上，对当地特有的乡土元素进行提炼、抽象、组合处理，打造具有文化底蕴的淳朴、淡雅的村落街巷景观空间。

（四）街巷植物

浙江地区在乡土景观的建造中，按照层次关系分有：上层植物，香樟、银杏、枫香、马尾松、黄山栾树、木荷、白玉兰；中层植物，枇杷、石榴、杨梅、果桃；下层植物，红王子锦带、忍冬、伞房决明、野蔷薇、大花栀子、枸杞、小叶栀子、紫茉莉等。缸窑村保留的古村落白墙黑瓦的美感，植物主要以缸栽、盆栽组合的形式，乡土植物以简洁、灵活搭配手法，体现村落传统街巷的历史韵味。在狭长的空间创造立体层次丰富的植物景观。在没有绿化条件的檐口、廊架上以垂挂植物为主景（紫藤、金银花等），在有限的绿地空间内以栽植形态优美、观赏性强的乡土植物品种（早樱、芭蕉等），同时缸栽植物选择色彩饱满度高，富有表现力的植物品种（荷花、芋艿等）。植物的选择上都是当地植物为主，搭配中要注重树种的季相变化，结合植物本身带有的气味、颜色，提升人的感官体验。如良渚文化村的食街的田园，一年四季种植乡土植物，蔬菜成为景观，做到了欣赏景观、享受景观的效果，美观，实用，环保，与周边环境也很好地融合在了一起。

第三节 乡村共享空间设计

在传统乡村社会，人们长期在相似的情景场所中生产生活，这些相似的经历构成了人们共同在场相互交流的基础，乡村公共空间成为乡村居民日常交往的重要媒介。乡村公共空间是乡村居民可以自由进出、组织公共活动、日常交往和信息交流的场所，如水井（塘）边、洗衣码头、田间地头、晒场等；在乡村居民长期的生产生活中形成了一系列组织（宗教组织等）和活动（红白喜事等）。这些制度化组织和活动形成的场所共同成为乡村公共空间的重要组成部分。物质空间对社会公共生活有着独特的作用，这种独特性是针对其他形式的公共生活载体而言的。物质空间所营造的是一种真实、属人、直观的公共生活世界。乡村公共空间作为乡村公共生活的物质载体，体现了乡村居民的生活形态和生活观念，承担着村落的历史和记忆。在传统乡村，人们在长期农耕经济的基础上形成了乡土社会，农民世代定居在乡村，土地则成为农民生活的根基。农业耕作的定居要求以及小农经济自给自足的性质，使得村落具有高度的封闭性，与外部世界极少联系和往来，村落就是农民的全部世界，乡村公共空间是乡村居民完成社会化的唯一场所，乡村公共生活维系着村民的集体认同感与归属感，乡村公共空间的温馨生活画面成为乡村生活世界的独特风景。城市化的快速推进，乡村经历着由传统向现代的快速转型，乡村不再是封闭同质的世界，乡村社会关系的建构跨越了原有狭小的空间界限，共同在场相互交往逐渐减少，乡村生活世界逐渐异化，传统意义上的乡村公共空间已经逐渐从历史的舞台上消失，乡村居民的认同感和归属感丧失导致故乡的沦陷。同时，新农村建设以来，乡村建设表现出急功近利的心态以及对于现代化的盲目追求，使得新时期乡村公共空间面临着重构的危机。

乡村公共空间作为乡村居民日常交往的重要场所，是乡村空间的核心组成部分，乡村公共空间变迁集中呈现了乡村聚落的时空演化特征。本节对中华人民共和国成立后不同时期乡村公共空间特征进行了分析，并探讨了乡村公共空间变迁背后的机制与原因，以便能够系统、全面地认识乡村公共空间的变迁。

一、计划经济的桎梏：乡村公共空间的异化

村落是血缘地缘特征明显的乡村社会，村民在长期的生产生活过程中形成了乡村社会的共同价值、行为规范和道德伦理。在传统时期，国家并未深入到乡村，国家与乡村存在一定隔离，乡村内部的家族组织和制度资源维系着乡村社会生活，由于乡村士绅具有财力和权力优势，也在一定程度上左右着乡村社会生活，乡村公共空间营造是在乡村内部自发力量的维护下进行。1949 年后，国家行政权力向乡村社会的全面渗透取代了传统乡村社会的控制手段，昔日较为分散的依赖血缘和地缘的乡村社会关系被重构，乡村居民的生产生活在村集体的组织下有序进行，生产生活表现出高度的一致性与相同性，形成了这一时期特殊形式的集体生产生活的公共空间。

中华人民共和国建立初期，传统乡村自生自发的生产生活方式被打破，自上而下的行政权力渗透到乡村社会生活，乡村的一切活动都在集体的组织下进行。这一时期乡村内部频繁地举行行政性集会，分派生产任务以及政治宣传和教育，通过这种政治动员的方式推动生产建设，使乡村成为凝聚力极强的生产集体。行政集会和集体生产成为这一时期重要的公共活

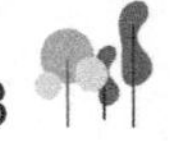

动形式，乡村公共空间承载着政治宣传和组织劳动生产的功能。例如村民集会的大队部或广场，集体就餐的大食堂，进行集体劳作的田间地头，村中的圩场、广场等场所成为集体生产的晒谷场。集市贸易活动被视为具有资本主义色彩而予以取消。此时的供销社及代销点在村落中成为国家调控农村经济的一个重要渠道。在传统文化彻底遭到批判时期，民间传统活动被禁止，乡村的祠堂、寺庙、宗教等传统公共空间受到冷落甚至破坏，这一时期较为活跃的乡村文艺活动成为思想意识宣传的工具。此外，由于长时间集体生活使得村民自身支配的时间较少，村民个人日常生活受到挤占，乡村内部固定化的生活方式促使形成了单一形式的乡村公共空间。

在计划经济时期，国家对农村社会基层进行全面控制，重新组织了农民的生产和生活。乡村公共空间成为具体的工具，物质空间直接成为权力关系的具体体现，参与到权力关系的再生产。集体组织通过行政力量对乡村社会生活进行控制，乡村公共空间为集体生产生活提供场所。村民失去了定义公共生活的权利，以一种受教育者的身份出现，遵循集体组织的秩序与纪律，个人在日常的公共空间中受到集体生活的规训，使这种集体化生产生活方式逐渐走向体制化。这种政治动员下的乡村生活成为国家意识形态的表述，与村民的日常生活世界和经验世界脱离，不能真实反映乡村社会的真实感受。村民完全成为政治力量组织下的乡村生活的被动者，表面上受到集体的高度组织，而在村民的实际生活中却将其仪式化，乡村公共空间成为展示程序化乡村生活的舞台。

二、改革开放的触动：乡村公共空间的复兴

20 世纪 70 年代末改革开放后，真实的乡村生活逐渐得以回归。而在村民的自发性的生产生活中，乡村公共空间的发展得到了更多的自主性。

（一）自组织力量驱动下公共空间多样性的凸显

改革开放后，国家力量的退出为乡村社会让出了自主性空间，乡村社会发展逐渐趋于平衡。一方面，村内行政性集会减少，人们到大队部的频率也明显降低，大队部行政色彩逐渐弱化，集体食堂失去了继续存在的意义。另一方面，村民在脱离了集体组织的生产生活后，个人的时间与空间支配权得以回归，人们重新获得了定义自身生活的权利，乡村社会生活形式更加丰富，而作为承载这些活动的公共空间日趋活跃。曾经被禁止的民间传统习俗逐渐回归，遭到破坏的建筑得到修建和重建，传统村落公共空间的功能得以恢复。乡村文艺活动的内容和形式更加丰富，增添了乡村公共空间的活力。随着市场经济的深入，个体服务、商品流通日渐活跃，村内的各种桥头小店、路口货栈相继出现，成为乡村公共空间的重要组成部分。在计划经济时期，乡村小店主要是为村民提供生活必需品，通常在人们有某种需求时才会想起。由于闲暇的时间增多，人们也在乡村内部寻求新休闲场所，乡村小店成为乡村公共空间的重要组成部分。另外，在人民公社化时期被取消的集市贸易活动得以恢复，为人们自由集聚创造了空间。

（二）自主权回归后空间主体参与性的增强

改革开放之前，村民的活动受到国家权力的控制与引导，生产劳动成为村民生活的常

态，休闲活动嵌入到日常劳动之中，私人时间和空间被无限地压缩，村民在公共空间中的活动大都停留在闲聊的水平，乡村公共空间交往的公共功能无限弱化。村民自主权利回归，使人们交往互动的形式和内容变得更加自由，也促使公共空间的功能和形式相应拓展。人民公社时期用来宣传上级指示和思想教育的大队部成为国家落实村民自治制度的组织——村民委员会。村民可以自由表达自己的意见，共同参与村内部集体事务的讨论，可以积极争取和支配享用公共空间的权利。

三、快速城市化的遭遇：乡村公共空间的衰落

城市化的快速推进，市场经济因素不断向乡村渗透，导致乡村社会结构的剧烈变化以及交往行为的异化。虽然村落一些传统公共空间的作用得以延续，但功能逐渐弱化，而另外一些公共空间也逐渐淡出了人们的公共生活领域。

（一）现代文明冲击下乡村交往方式的异化

在传统乡村社会，村民基本上是一个同质性身份群体，长期在相似的场景中生产生活从而形成了共同的生活体验，这些共同经验成为维护公共生活的基石。在城市化不断推进的过程中，乡村生活意义不断弱化，共同生产生活的场景消失不在，相似的生活体验荡然无存，人与人之间产生了陌生感，共享性经验减少，降低了村民公共生活的欲望。市场经济的入侵导致了农民身份的分化，地位和需求的差异制约着村民的交往行为和生活，乡村社会内部交流日益减少。城市化不仅仅是城市地盘的扩展，也是城市生活方式向农村扩张，传统乡村生活方式被视为“前现代的”或“落后的”象征，不断地被现代化的城市生活方式所代替。村内桥头和大树再也不是人们避暑乘凉的最佳去处，自来水的普及使得水井、码头日趋冷落。电子媒介和通信技术的发展，使得公共生活载体形式日益多元化，人们的活动方式逐渐摆脱了对空间的依赖，人与人之间面对面的交往减少，乡村公共空间再也不是人们进行交往互动的唯一场所。人们开始将一部分原来参与公共生活的时间用于看电视这种相对私人化的生活，人们在街头停下来闲聊的画面渐渐消失，以语言和符号为媒介的交往行为逐渐异化，公共生活不断向私人生活隐退。

（二）快速城乡流动下空间主体的缺场

在自然经济时期，城市和乡村是两个相互独立的社会单元，城乡之间的社会联系较少，乡村传统的农业生产方式使农民被牢牢地束缚在土地上，农民的所有社会活动主要局限于乡村内部，乡村公共空间成为乡村居民进行公共交往、村民完成社会化的唯一场所。随着城市化不断推进，市场经济向乡村社会全面渗透，人们的生活空间日益摆脱了共同在场的支配，乡村社会的时空关系得以延伸，乡村社会生产生活摆脱了地域性的限制。乡村再也不是独立于城市之外的独立单元，城市与乡村之间的联系越来越紧密。人们对外的经济文化交流日益频繁，社会活动、社会交往的地域空间日益扩展。村民在原有的交往形式和交往空间之外，形成新的交往空间。由于劳动力的自由流动，传统乡村社会“日出而作，日落而息”的生活方式逐渐消失，农民逐渐摆脱了土地的束缚，可以自由选择进入农业以外的行业；人们离开土地离开乡村进入城市。在城市工作、居住，从“离土不离乡”到“离土又离乡”，农民逐

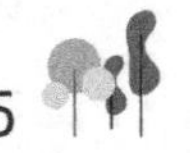

渐脱离了家庭与乡村，生活已经面向村庄之外，很少有机会参与到村庄生活之中，与村、组集体的关联日趋断裂，乡村空间主体长期缺场，使得乡村社会的日常生活运作不具有熟人社会的特征，日渐呈现出由于缺乏足够数量的行动者而无法维护系统均衡的“病态”，导致乡村公共空间的冷场。

四、新时期的困境：乡村公共空间的迷失

乡村长期的冷落之际，新农村建设的启动标志着乡村的发展进入了新时期，乡村公共空间也进入了一个新的阶段。政府力量的回归，农民集中小区建设、村庄整治工程在全国各地如火如荼地进行。但在建设的过程中，由于缺乏对村民生活实际需求的考虑以及城市意识的生硬移植，乡村公共空间面临着认同缺失和乡土文化流逝的困境。

（一）政府单向推动下空间主体诉求的缺失

乡村作为一个基本的社会有机体，村民在长期的生产生活过程中形成了特定的社会关联与人际交往方式。这些社会关联与人际交往方式在村庄的表现形式往往是乡村集市、村庄祭祀、乡村文艺活动、红白喜事仪式，而乡村公共空间正是承载这些村民日常生活用品买卖、祭祖仪式、日常娱乐、婚丧嫁娶等活动与仪式的场所。在传统乡村，空间场所的创造者同时又是空间场所的使用者，这使得场所与人的行为活动之间形成了良好的互动关系，较好地满足了人们的需要。乡村集中社区的建设，政府力量的单方面推动，空间场所的使用者不再是空间的创造者，由于上下互动机制的缺失，空间场所成了他者的单向创造，使用者的被动接受，空间的营造与村民的传统生活习惯脱离。公共空间通常是简单化、随意化的处理，使得一部分公共空间沦为展品，而村民对于公共空间的需要无从诉求现象又普遍存在。比如，传统乡村的红白喜事一直是一项重要的公共活动，传统乡村内部通常都具备举办这种活动的场所，但在新社区建设的过程中往往被忽视。集中社区的建设导致传统的邻里关系消失。由于公共空间的缺失，使得人们无法在新的空间基础上建立新的社会关系，造成邻里关系的异化、社区认同的降低。

（二）城市意识移植下乡村地域文化的削弱

乡村公共空间不仅提供了交往的场所，也承载着特定的地域文化，不同的空间形态体现了不同的自然环境和地理条件，而人们在空间中的生产生活方式是在长期的农耕实践中形成并沉淀下来的文化形态，是乡村精神与文化的创造与表达，通过其自身的形式和所承载的乡村社会活动的内容和方式，成为乡村地域文化的窗口。而新农村建设的过程中，设计者以城市公共空间建设的惯用手段来进行乡村公共空间的营造，将形式美、视觉感受等视为乡村公共空间建设的原则，乡村公共空间也贴上城市的标签。公共空间往往是机械化、模块化的设计，侧重于展示性，使用功能较为单一。村中空旷的广场、生硬的水泥地与原有的传统风貌格格不入。由于缺乏对当地自然和人文历史等地方精神的阅读，一些公共空间忽视了乡村文化在空间的渗透和影射，切断了人们对于乡村的记忆，使得乡村逐渐失去自身的精神和活力。村庄整治中对村庄采取大改造，使得一部分公共空间（如小河、大树）逐渐从人们的视线中消失。在村民长期的生活中，这些场所都承载着村民的情感和记忆。此外，一些传统的

公共空间［如宗祠（见图 4-9）、寺庙］消失的同时，乡村传统风俗习惯也失去了赖以生存的载体，乡村传统文化日趋衰亡。

图 4-9 宗祠

第四节 乡村环境设施设计

一、美丽乡村建设与乡村环境设施的关系

环境设施又被称为街道的家具，它所依托的外界环境的形成与人们的生活、文化息息相关。它不仅为社会提供了特殊的功能，也反映了该地区的社会文化和民族文化。乡村文化是乡村居民与乡村自然环境相互作用下所产生的物质文化和非物质文化的总和。这种生发于泥土的文化和以工业化信息化为基础的城市文化有着本质的不同，乡村与城市的生活生产方式、习俗、生态环境、景观特质也存在很大差异，所以将城市公共设施的设计原则和方法硬套在乡村环境设施设计中是不合理的。此外，一直以来乡村建设大多处于宏观规划层面，对于乡村环境设施设计的针对性研究不足，同时缺少村民的参与，导致乡村环境设施功能不健全，设计缺乏个性、系统性和适用性，不利于乡村整体品质的提升。设计优良的乡土环境设施为乡村居民提供了便捷的公共服务，体现了“人文关怀”；其作为乡村文化的符号，承载了历史发展的印迹，塑造个性鲜明、富有特色的乡村形象，体现了乡村文明发展程度与文化内涵，大大提升乡村的综合质量，是建设美丽乡村的关键所在。

二、乡村环境设施的分类

根据我国实际情况，环境设施可概括性地做如下分类。

① 卫生系统：垃圾箱、烟灰缸、饮水器、洗手器、公共厕所等。

② 休息系统：休息椅、凳（见图 4-10）等。

③ 信息系统：标志、公用电话、导视信息系统（见图 4-11）等。

④ 照明系统：道路照明、商业街照明、广场照明、公园照明等。

⑤ 交通系统：人行天桥、连拱廊、止路障碍、铺地、公共汽车站、自行车停车处等。

图 4-10 供人休息的长凳

图 4-11 导视信息系统

⑥ 游乐设施系统：静态游乐设施、动态游乐设施、复合性游乐设施等。

⑦ 管理系统：电器管理、控制设施、消防管理设施等。

⑧ 无障碍设施系统：交通、信息、卫生设施等。

⑨ 配景系统：水景、绿化、雕塑等。

三、美丽乡村建设中环境设施设计原则

（一）保护自然生态

党的十八大报告提出“生态文明”建设的概念，对自然生态的保护已经上升到国家战略层面。国际社会在20世纪80年代末对于生态环境恶化问题的关注达到顶峰，提出了绿色设计的“3R”原则，即减少有害物质的排放和对能源的消耗，充分利用可循环再利用的资源和材料，为乡村公共环境设施的设计提供创新的思路和方法。

绿色设计是一种对自然对人类负责任的设计观念、态度和方法，将绿色设计理念贯穿于公共环境设施设计的始终，代表着一个国家或地区的物质文明和精神文明的发展水平。根据景观生态学的原理，乡村生态系统与城市生态系统具有差异性，乡村环境设施属于乡村景观

系统的范畴，在塑造具有地域性、乡村性的乡土特色景观中发挥着重要作用。将绿色设计理念运用到乡村环境设施设计中去，建设天更蓝、水更清、具有乡村特色的自然环境，实现人与自然的互惠共生，体现出生态文明建设的核心要求。

（二）体现乡土情结

中国城镇化进程势不可挡，传统村落的生存空间被严重挤压。冯骥才先生说“传统村落中蕴含着丰富的历史信息和文化景观，是中国农耕文明留下的最大遗产”，比村落本身更重要的是依附其上的文化性的东西，是在现代社会逐渐淡漠的人情关系中人们所期盼的那一份“乡愁”。

情结是指藏于人心底的、强烈而无意识的冲动。乡土情结，是以乡村空间为主题的情结中提取的地域情结，表现为一种怀乡思亲的情感体验。柯灵在《乡土情结》中写道：“每个人的心里，都有一方魂牵梦绕的土地，得意时想到它、失意时想到它。”这里的“土地”并不只是乡村空间中的某个区位，还是作家关于乡土记忆的物体化和空间化，是由空间和时间叠合并具有特定气氛的场所。乡土情结就是对这种场所气氛的渴求，是人们对于场所记忆的精神需求。所以，乡村公共设施应当避免趋同化，注重体现乡土情结，传达场所精神，满足人们情感和归属的需求，塑造富有个性化气质的乡村环境，实现美丽乡村“留得住特色，记得住乡愁”的目标。如图 4-12 为乡土情结的粮仓。

图 4-12　乡土情结的粮仓

（三）强调生活和谐

东南大学周武忠教授指出，“生活和谐是社会主义和谐社会在人的和谐方面的要求”，是“三生”和谐的核心和最终目标。美丽乡村建设的根本任务之一是提高农民生活质量，满足农民的物质文化需求，归根到底就是以人为本。

以人为本的乡村环境设施设计首先要满足乡村居民使用功能的需求，并且使得使用的过程舒适、方便、愉悦。其次环境设施设计要通过与乡村自然和人文场所环境的触合，满足乡村居民的精神文化需求。乡村公共设施作为乡村公共环境的重要构成要素，体现了乡村公共空间的发展水平，应当以整体和系统的原则来规划布局，并与环境相适应。人性化的乡村公共设施构建起高质量的乡村公共空间，可以促进交往，激发乡村居民的公德意识，增强对于乡村空间的认同和归属感，人们也会更好地使用和维护这些设施，实现人与环境的良性互动，让乡村居民生活得更加舒适、安心、惬意，构建生活和谐的美丽乡村。

四、美丽乡村建设中环境设施设计方法

（一）材质与技术的生态化

环境设施的生态化设计首先体现在乡村设施的空间和密度分布要与生态环境的承载量相适应方面。其次，在材质上使用乡村本地容易获取的天然材料和成熟适用的绿色建材，充分发掘材料自身的特性，不仅节约成本，也传达出传统与现代结合的效果。技术上采用绿色能源，尽可能地利用自然采光、雨水收集和太阳能、风能等，节约能源和资源。造型上应当更加简洁、通俗、易于识别，避免繁缛的装饰构件。结构上充分运用现代技术和理念，使环境设施模块化、通用化、组合化。再次，环境设施要注重与乡村丰富的自然景观资源的有机融合，将乡村自然生态资源在合理利用的前提下开发成生态体验的活动设施，让人们在亲身体验自然、感受自然之美的同时获得生态保护意识的提升。将乡村环境设施与生态措施的结合也是生态化设计的创新方法，例如，人工湿地污水处理系统是一种利用植物特性处理污水的生态设施，不仅有效地节约了能源和资源，乡土植物结合乡村人文环境也能营造出浓郁的场所精神，呼唤人与自然的和谐共存。

总之，对于乡村环境设施生态化设计方法的探索是一个长远的研究课题和发展方向，是美丽乡村“生态文明”理念的有力体现。

（二）造型与组景的意象化

意象是人们感受客观事物而在脑中形成的记忆痕迹，即寓“意”之“象”。乡村意象，是由物质的乡村景观和非物质的乡村文化在人脑中综合形成的反映乡村本质特征的抽象情感和形象，包括两个方面：一是对乡村整体景象的表层印象，二是乡村传统文化与中国“天人合一”自然观所体现出的意境氛围。如粉墙黛瓦的民居、清丽山水、悠久的历史和古老的民俗文化共同营造出徽州乡村意象。乡村公共空间中的环境设施是感知乡村意象的重要途径，也是构成乡村意象的重要组成部分。意象的表达和获取主要以视觉化元素为载体，无论是乡村中的自然风景、地域建筑（如图4-13）、人文景观，包括非物质的民俗文化、乡村音乐、神话传说、历史事件都可以成为视觉元素的灵感来源。在深刻理解其文化内涵的基础上，抽象提取元素的精华，通过象征、隐喻、简化、置换、夸张等造型手法，使环境设施通过独特的空间形态、材质肌理以及色彩搭配，与周边环境相互映衬，表达出具有地域文化和景观特色的乡村意象。

图 4-13　地域建筑

文艺理论家宗白华说过：“意境是情与景的结晶品”。即意象是营造意境的手段和材料，

最终的目的在于意境。中国传统绘画与园林都注重意境美的表达。建筑大师贝聿铭设计的苏州博物馆北墙片石假山，“以壁为纸，以石为画”，以现代手法完美传达出中国写意山水的意境美。所以，意象化的乡村环境设施组景应当考虑整体性的原则，不仅要使分散的物象能够和谐统一，也要注重与乡村场所环境的一致，营造特有的乡村意境，从而触发人们内心的乡土情结，让人们记得住乡愁。

（三）功能的适用化

费孝通先生在《乡土中国》中提出了“熟人社会”的概念，体现于交往方式、行为模式、生活习惯、价值观念和文化形态等，在这些方面具有不同于城市的鲜明特征，对于乡村环境设施建设具有很大的影响。所以，环境设施要在功能上满足乡村社会活动、交往行为和文化生活的各种需求。适用化的设计方法是通过对乡村社会生活的实施研究，总结概括出乡村居民的行为和交往特征以及对于环境设施的态度、意见、期望和使用评价，再通过综合分析得出在乡村社会文化背景下人们的行为模式、心理特征和文化需求，据此指导环境设施的设计和布局，并在完成设计后通过人们的反馈分析加以改进。但是，我国很多乡村并没有考虑环境设施功能的适用性。例如在徽州的呈坎等地，当地政府新建大量的健身器材（见图 4-14）和休闲设施却很少有人问津。究其原因，是这些设施在设计上缺乏人本主义的关注，从而导致这些设施不能满足村民的行为、心理和文化需求。

图 4-14 新建的健身器材

图 4-15 乡村公共设施

杨盖尔在《交往与空间》中指出：“户外空间质量与户外活动有着密切关系。”通过乡村居民的积极参与和及时反馈，让环境设施最大限度上满足村民的各方面需求。功能的适用化目的在于营造高质量的公共空间（见图 4-15），为乡村居民的和谐生活提供理想环境，加强村民对于乡村环境的归属感和认同感，是以人为出发点和归宿的设计方法。

总之，美丽乡村建设为新时期乡村环境设施设计提出了新的要求。环境设施作为联系人与环境的媒介，通过与乡村自然和人文环境的融合，提升了乡村的空间品质和意境氛围，体现乡村自然之美，和谐之美。

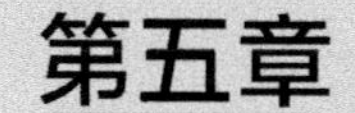

第五章

乡村民居建筑设计与改造

对于村庄肌理来说，建筑形式作为其最主要的单元细胞，蕴藏着当地生活着的村民的集体记忆，这种记忆又间接地影响着人们期望的未来生活模式。如为人们所熟知的北京四合院及胡同、上海石库门建筑及里弄，都是由建筑实体形成的肌理。这些肌理的形成都是基于历史遗留下来的固有模式，承载了一种生活方式和文化习俗，代表着一种可以寻根溯源的居住模式。村庄作为一种传统的乡村聚居空间，保持着世代累居的特点。村落人口流动率低，活动范围受地域限制，价值观相对统一，与外界相对隔离，富有强烈的地缘性。民居建筑是由工匠根据长期生活实践中形成的带有浓厚地方特点的习俗和经验进行建造的，具有相当大的相似性，建筑同质性强，村庄肌理的空间关系上也有较强的连续性，保留了相对封闭的地域特色。民居建筑往往围合形成宽窄不一、曲折连续的线形街巷空间，有一种曲径通幽的韵味，并且增加了交往行为产生的可能性。

村庄的建筑与宅院虽然有别具一格的特色，但是在发展中出现了单一、大同的趋势，令人不知身在何处，难分东南西北地域，感受不到当地特有的民俗气息，也使得当地村民丧失了归属感。民居建筑材料多采用白瓷砖贴面，也有水泥糊面，或者直接以砖墙（见图 5-1）示众的，完全与当地自然环境、传统文化特色不相符合。民居多为不带宅院的，就是一座孤零零的房屋矗立在那里，邻里交流方便了，却也缺少了一定的私密性与安全性。

图 5-1　砖墙

第一节　乡村民居建筑整体设计思路

一、民居建筑设计的现实需求

（一）城乡统筹发展，美化乡村建设的需求

当前我国处于社会经济发展转型关键时期，从城乡统筹发展的高度，社会经济发展重点逐步向乡村和小城镇倾斜。尤其我国乡村蕴藏着巨大的发展潜力，近年社会各界关注乡村发展，物流经济、创客企业、旅游经济都在乡村蓬勃发展起来。与经济发展相适应的，是乡村的物质环境建设。民居建筑是乡村物质空间的主体，优美舒适而又富有传统地域文化特色的民居建筑，是当前村镇建设中最基本的需求。

（二）城镇化发展，改变贫困荒芜的乡村面貌的需求

随着城镇化建设的加快，原有村民分散居住，许多村民搬迁至新型镇区，仅有少数老人留守。农民自建的民宅缺乏统一的规划和设计，且部分破旧倒坍或储藏杂物，或做养殖用途。有些建筑年代久远，局部倒塌，村容村貌及卫生状况堪忧，缺乏管理，安全情况不甚理想。改变荒芜的乡村面貌是当务之急。

（三）建设集约型社会的需求

农村老旧住宅大量存在，有些虽然仍处于设计寿命期，但功能、设施、外观已不能满足当前需要，如何在已有的限制条件下为旧建筑注入新的生命力，完成农村旧建筑的改造成为近几年来关注的热点问题。建筑建造以及使用过程中会带来环境污染，需要节能减排。倡导改建，可以比新建建筑节省主体结构的费用，而这占总资金的绝大部分，且原有的基础设施可继续利用，建设周期短，经济回报率高。尽可能节约资源和减少资源消耗，并获得最大的经济和社会收益，旧建筑改造是最理想的途径。

二、乡村民居建筑的本质

乡村民居建筑结合了乡村的精神与物质的内涵，高度体现出生活的完整物化。乡村民居建筑还是集中反映该地区文化价值、风俗习惯、人口及其生活、生产方式的生活空间的容器。日出而作、日落而息的传统、封闭的乡村社会生活，主要以农业生产为生，其生活方式具有很强的同一性且文化认同感也较强。此外，由于受到宗族道德和血缘的约束，乡村民居建筑在自然环境、空间形态、经济约束、文化价值、风俗习惯以及使用功能等方面的共性特征被进一步强化，进而造成其建筑形态和风格都较为稳定和统一，具体表现在建筑的造型布局、色彩质感、空间特征以及装饰风格等方面。这就要求设计师在设计乡村民居建筑时，要把握、研究、提炼乡村生活方式的安排特征，注重传统因素的设计环节，避免乡村生活的同一化和简单化，充分体现差异性、多样性。

传统的乡村民居建筑并不是建筑师设计出来的，而是自发形成，慢慢演变发展而来的，因而统一而有序。传统乡村民居建筑的建造技术是由其中的施工者甚至是邻里和居民，通过

结合具体的居住需求和千百年来的建筑经验，不断试验、积累和共同参与自发形成并手口相传慢慢演变而来的。在漫长的发展历程中，施工者或居民往往综合出资人、设计者、建设者和使用者等多种角色，使得民居的建造工作更加灵活和畅通，不会产生各种矛盾。但是，如今快速发展的现代生活节奏，使得乡村居民发现传统的建筑已经不能满足某些现代生活的需求，例如，落后的设施、僵化的空间、幽暗的环境、不便的功能等“先天不足”。客观地看，传统乡村民居建筑并未形成稳定的理论与方法体系，充其量只是经验总结。其因为结构性的缺损，没有应变机制，无法对外界冲击和内部需求做出迅速反应，因此在变化中出现各种各样的问题也在情理之中。

乡村民居建筑最根本的特征就是实现人、建筑与环境的相互融合和协同。受到有限的建筑技术、不十分理想的自然环境条件等因素的约束和限制，乡村的居民在有限的能力范围内探索有效的建筑技术和手段，以尽可能地营造相对舒适的居住环境，因而形成了丰富多彩的建筑风格。由于乡村地区有限的经济状况和不需要复杂的建筑功能，使得建筑特点相对统一。所以，进行乡村民居建筑设计时应注重考虑经济状况与建筑造价、生产生活方式与建筑功能、建筑与自然环境之间的关系，综合利用有限的气候条件、自然资源、地理条件等，实现人、建筑与环境的协调统一，促进美丽乡村的建设。

三、民居建筑设计思想

相对于城市建筑，乡村民居建筑更富有中国特色，设计应当遵循尊重地域文化、生产与生活相结合、传统与现代相结合的整体设计思想。

（一）尊重地域文化

地域文化是民居建筑的灵魂，设计中要深入研究体会地域文化的综合体现，在地理自然环境、民俗生活、信仰与民居建筑之间的密切关系方面，向传统文化学习。民居建筑反映了当地的生活习惯和文化传承，建造方式可能是原始的，但适应当地气候。农村建筑相比城市建筑而言随意性较大，建筑风格不统一，设计需要根据建筑物的现状条件梳理归类，分别对待。无论保留还是拆除、改建还是扩建，都不能简单粗暴地照搬城市建筑。传统处理建筑材质特性的表现方式是地域建筑文化的基本语汇。建筑师要虚心向民间学习，学会充分利用建筑材质特性因素，使建筑更加紧密地植根于地域环境，形成对地域建筑文化的延续，要珍爱每一个乡村里的人文情感。许多项目改造时，虽然镇上的新房干净又卫生，许多农村的老人还是不愿搬走，因为他们见证了农村发展的历史和延续性，在广袤的农村心灵可以得到慰藉，对这种空间和时间上的文化认同构成了情感归宿。建筑只有承载并延续了物质和非物质文化资源，才能与环境共鸣。

（二）生产与生活相结合

乡村民居建筑与城市建筑最大的差异就是，在乡村中生产与生活通常是叠加在一个空间的。最简单的例子就是农业生产工具在民居内存放使用。传统的农业、手工作坊等都是与民宅在一起的。即便是现在，年轻的创客一族给乡村注入新的活力，民宅也是重要的生产资料。乡村民居建筑的设计要充分结合乡村发展特色，在满足乡村发展的经济产业定位的同时又满足居住生活需求。乡村民居建筑是乡村组成的重点内容，乡村的发展还是要依靠大量的农民，要解决三农问题也需要乡村民居建筑与之相适应。

（三）传统与现代相结合

乡村发展最重要的表现是人居环境的改善。传承传统文化的同时，满足现代生活需求，这是现阶段乡村发展的共识。尊重传统生活习俗，保护优美的村庄风貌，同时引入现代服务设施，大大改善居住舒适度，是乡村民居设计的根本目标。

四、民居建筑设计手法

（一）本土设计

乡村民居建筑本土设计不仅是一种新元素的注入、促进经济发展、宣传特色，更是一种本土文化的传扬。乡村本土文化是在乡村这种特定环境下形成的特有文化，它的主体是村民，千百年来在他们中间不断发展、传播。乡村文化是指与当地的生产生活方式能够紧密关联在一起，并且能够适应本地区村民的物质、精神两方面需要的文化。我国的乡村文化是建立在传统农耕经济基础之上的农业文化形态，广大农民是乡村本土文化的主体，他们在长期的生活实践中创造并不断发展着乡村本土文化。

1. 乡村之美，在于村容村貌之美

村落景观直接关系村落的精神面貌，宜居的村落环境是留住人的首要条件，因此，改造村落景观成为乡村建设者的第一要务。从垃圾处理、厕所改造到道路维修、基础设施改造，再到村容村貌的本土艺术化提升，乡村建设者不断深入地优化本土村落环境，试图为村民和游客创造一个既舒适宜居又能带来艺术审美体验的美好乡村本土环境。

近些年来，不管是载有深厚历史文化的古村落，还是散落于南北大地、随历史沉浮千百载的普通村落，抑或是被城市包围而边缘化的城中村，不断成为艺术家、设计师、建筑师以及乡村创客们实践乡村建设蓝图的基地。他们的介入，为乡村建设的未来带来了新的可能性，那就是创造出一座座充满艺术感的现代村落。

乡村本土建设不应是整齐划一、千篇一律的模式复制，而应是具有本土特色、充满历史感和现代艺术设计感的新型家园。相比钢筋混凝土的城市建筑，我们更加期待充满艺术美感的现代乡村。

2. 乡村之美，在于村民安居乐业

人口流失是当前乡村社会所有问题之症结。人们出走的根本原因，是一亩三分薄田已经无法满足生存需要。生存，除了填饱肚子，还有教育、医疗、娱乐、社区服务等等之需求。

精神愉悦亦是村民必不可少的生活需求。娱乐生活与设施的匮乏使当前的农村生活比较枯燥乏味。伴随着空虚的生活状态，一些农村地区“黄赌毒”现象不时发生，淳朴民风渐失。增加农村地区的文化和娱乐设施建设，有助于提高农民的生活质量。

社区服务是现代农村社区建设必不可少的内容。随着传统宗族等组织结构的消解，农村社会的社区服务断档，公共卫生管理、幼儿托管、老人以及病残者照抚等问题突出，需要通过完善社区服务体系来得到解决。

3. 乡村之美，在于和谐的人际关系

和谐的乡村社会应建立在和谐的人际关系之上。合理有序的村落管理对于维系村民人际关系具有重要作用。有效的公共机构则保证了村落管理的良性运作。传统的村落社会，宗族祠堂在管理村落公共事务、维系村民团结上曾起到主导作用。现代社会，取而代之的是村民委员会等现代村落管理机构。在构建现代新型农村社区的过程中，要不断完善村落管理模式，鼓励村民参与村落公共事务的决策与管理，创造村民共治的机制，提升村民参与建设的荣誉感和成就感，在共同建设家园的过程中增强村民的认同感。

公共空间是村民聚会休闲和商讨事务的场所，对于联络村民感情至关重要。传统的祠堂、戏楼、广场等公共机构在现代村落中已经丧失了这些功能。现代村落需要重建新的公共空间，为村民的接触互动提供场所和机会，使村民走出家门，有处可去。这些公共空间可以是文体活动中心、图书馆、茶馆水吧等休闲活动场所。公共空间还可以举办文艺活动、节日庆典，以此促进村民的感情交流。

4. 乡村之美，在于充满希望的未来

只有让乡村拥有可持续发展的自生能力，人们才能看到充满希望的未来。只有对未来充满希望，人们才能真正地回归，乡村才会成为充满社区认同感的家园。

以上所述的民居、场所，都是美丽乡村本土设计的重要组成，才能整体提升民居建筑本土化设计感、艺术感。

总之，本土设计是根植于地域文化沃土之中的一种建筑思考。建筑设计大师崔恺先生创建本土设计工作室，对本土设计给出了诠释："本土设计关注的是在特定的环境中寻求具体的特色。与国际上地域主义有所区别，也不同于重视建筑传统形式相关性的文脉主义，是以现时现地为本，从传统文化中汲取营养。本土设计涉及社会政治、经济状态，地域文化脉络、科学技术的基础、土地、环境资源、气候资源，生物材料资源等。通过立足本土的理性主义思考，生发出多元化的建筑创作，其中包括生态建筑、地景建筑、文脉建筑等一系列多样化的建筑类型，所以这不是导向特定的一类建筑，而是呈现出非常丰富的一种建筑多元化的景象。"崔恺先生还指出，本土设计不是指乡土主义，主张本土文化的创新，反对保守与倒退，建筑不是个人的作品，而应属于土地。所以在项目设计中，追求在满足建筑基本诉求的基础上给予适合的本土特色。

一方面，乡村民居建筑设计要结合当地人们的生活习惯，在民居设计中保留传统村落山水田园格局，重点营造晒场、街巷、井台、水塘、院落廊道的空间结构，尺度宜人，环境优美，是村民乐于驻足交流的场所。提供一系列动静分区明确，功能组织合理，交通便捷，空间舒适，造型简洁，美观又便于实施的新民居建筑。另一方面，以院落式内庭为中心布局。前院开放，利于村民交往；每户人家分别设有前、后两个院子，前院主要以日常生活为主，后院主要以种植为主；每个户型中均应设计有较大朝南的露台，充分满足居民对晾晒的要求。户型设计应立足于当地的实际，为村民提供了多种方位的思考。结合农村各地方不同的风土人情和当地的民居风格特点将我们的理念同农村实际相结合，延续和发展望城民居特色，创新设计一些适合当地生活方式和当代新农村建设的新户型方式。新民居设计中应保留农村生活习惯中较常见的一层的大客厅、餐厅（又称堂屋），为人多聚会时提供足够的场地空间；结合新时代农村的实际生活，增设娱乐室，可供人们平时娱乐，消遣之用。卧室设计空间较大，且力争保证穿堂风的通过，以一种生态的角度保证设计的合理性。同时，考虑到部分住户已习惯原有的住宅形式，户型中亦考虑一种传统的农村平面布局形式，一层以堂屋为中心布置房间，并按湖区、丘陵、沿河流域等为区域特色进行不同的设计划分，以满足不同地区和不同人们的需要。随着人们生活水平和质量的不断提高，设计中也应不断创新、提升。

（二）生态设计

伴随经济的发展，人类对住宅的要求越来越高，在追求空间的宽敞明亮和舒适度的同时，越来越要求居住环境的舒适和健康，追求住宅与自然环境的和谐统一。另一方面，社会发展伴随巨大的能源消耗和不同程度的环境破坏，普通民用住宅建筑过高的耗能和较低的建筑环境和谐度已经不能满足自然环境可持续发展的要求。基于这两个层面的问题，广大建筑设计研究人员结合生态学的理念，提出了建设生态民居的全新理念。在生态民居理念下，既满足了人们对舒适环境的要求，又能在很大程度上降低建筑造成的能耗，减少人工建筑对自然环境的不利影响。从可持续发展的角度来讲，生态民居的设计理念兼顾了经济和社会发展等多个方面与环境协调统一的要求，是未来民居住宅设计的主要方向。针对我国来讲，生态民居理念还有更进一步的意义。我国目前处于城市的高速发展期，伴随城市数量和规模的增加和扩展，人工建筑同自然环境的矛盾在一定区域内会不断加剧，这种矛盾在民用住宅中则表现得更为明显。为了改变这种情况，必须从建筑设计上下功夫，将自然、生态的理念引入设计中，才能在发展民用住宅的同时不断优化住宅与自然环境的关系，逐渐实现民用建筑的生态化和人与自然的和谐统一。

生态性的民居设计风格是建筑设计史上的一个全新概念，这种理念的推出具有划时代的意义。在这种设计理念的指引下，民居建筑能够实现经济、生态以及社会三者间的有机结合，从而最大限度地利用人类的生产力与创造力。因此，我们要高度重视生态民居建筑的设计理念，加大投入力度，在可持续性发展理念的指引下，对民居建筑进行生态性的设计。当前，环境保护政策不仅是我国一项非常重要的国策，同时该政策还是衡量一个地方宜居环境的重要标志。因此，要想将我们的居住环境建设得更加宜居、更加符合现代化的发展理念，就必须把可持续性的发展理念贯穿到生态民居的设计当中。因此，我们在对民居建筑进行设计时，就一定要注意对周边环境的保护，不能对其进行破坏性的建设，防止环境的恶化，进而营造出一个品质超群的生态居住环境来。

乡村生态民居设计时需要落实以下细节。一是建筑材料的选择。在乡村生态民居设计理念下，对建筑材料的选用应该更倾向于绿色、环保型的材料，尤其是在如今家居建材市场各类材料充斥的情况下，在建筑材料的选择方面，设计人员更应该多下功夫，在不显著增加施工成本的前提下，多选择含化学有害物比较低和二次污染比较少的建筑材料。考虑环境舒适度的需要，还要在内部楼板、隔墙中安装专门的隔声材料，以保证住户个人空间的私密性。二是合理有序的内部结构。要保证住户空间更与自然环境和谐共存，在住宅空间结构的设计上，要注意采光和通风的处理，保证房间能够与外部环境进行光、热的交换，同时也能降低采暖期和夏季控温所产生的额外费用。同时，在生活垃圾的处理上，要根据住户需要，设计家家都有的垃圾处理场通道，便于物业部门对垃圾的统一处理。这样一来，垃圾不直接暴露在空气中，也就不会对乡村环境和空气造成污染。除垃圾处理系统外，在条件允许的情况下，还可以在乡村内建设中央水处理系统，既可以合理调配居民日常生活用水，防止水资源

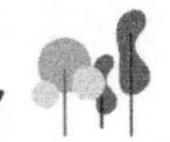

的无故浪费，又可以对乡村内的污水、雨水等进行有效的处理，增加水的循环利用效率，无形中也节约了用水费用。三是周边配套设施的建立。乡村生态民居的一个重要标准就是在乡村内一定要建设有小规模的生态园林，绿化率一定要保证，相应的供居民娱乐和健身的器材也要齐备。设计人员要注意的是，居民对生态环境的理解除了直观的视觉和心理感受外，还有成为生态环境一部分的需要。所以，设计师在设计当中，一定要考虑居所周边设施配置问题。一般来讲，除根据需要建设亭台、水塘等一些基本的设施和进行绿色植物种植之外，还要专门开辟出一整块区域用于安置健身和娱乐器材，满足人们在绿色环境中能够进行体育锻炼，和娱乐身心的需要。

乡村民居建筑生态设计的目标是绿色居住。典型的农村住宅，开敞的院落，充足的自然光，原生的材质和充足的绿植等就是绿色居住理念的体现。而更深层次的绿色居住是追求可持续的生活方式，它意味着更少的能耗，更精简的需求，更朴素的美学主张。在建造过程中，将环境因素纳入设计之中，从产品的整个生命周期减少对环境的影响。从保护环境角度考虑，减少资源消耗；从经济角度考虑，降低成本。大量使用乡土物种以及水体净化等生态措施，设计可充分利用建筑旧材料（包括旧砖瓦的再用），节约造价，倡导低成本维护等生态理念，采用节能设计，以及大面积可渗水的地砖铺地，利用自然调节和净化能力，以降低对环境的不良影响。

（三）节能设计

农村既有建筑节能改造是指对农村或乡镇地原有能耗较高的建筑物结构、设施、使用条件等方面采取降低能源消耗、有效利用可再生能源、提升建筑物舒适度的改造活动。

当前乡村民居建筑节能设计还存在一些问题。一是节能设计意识不足。我国农村居住建筑节能设计起步较晚，和西方发达国家相比存在很大的不足。发达国家对建筑节能设计因素的分析较为重视，有较强的节能意识，注重资源的回收和再利用，在生态建筑材料的选用上、低碳节能的施工技术方面取得了较大的发展，在很大程度上降低了能耗。我国建筑行业的发展对工期和质量较为重视，在施工过程中往往对环境造成较大程度的破坏，在施工技术方面仍处于传统的占地多、污染严重、能耗多的阶段。而此类施工的过程常被看作属于施工过程当中出现的正常情况，进而疏忽了节能建筑施工技术的应用。二是应用范围较小。我国城市化进程发展较晚，在推广低碳环保、节能宣传方面还没有得到普及，大多数人在居住建筑节能意识方面较为薄弱，建筑节能材料、施工技术处于初级发展阶段，应用范围存在很大的局限性。此外，建筑节能材料发展较晚，在价格方面比传统的建筑材料明显要高，在设计和施工中采用较少。建筑节能的施工技术在建筑公司当中应用的更少，施工企业在长期的发展过程中一直采用传统施工方法，在技术、机械和人才方面相对成熟，加上节能意识相对欠缺，不愿意进行节能施工方面改革，大多仍采用传统的施工方法，在很大程度上制约了建筑节能施工技术的发挥。目前，我国农村地区既有建筑面积要多于城市既有建筑面积，而且实际盖起来的房子节能要求均低于城市建筑，加上农民的节能意识都普遍较低，农村既有建筑的节能潜力远大于城市既有建筑。既有建筑在农村可改造的主要方向为：围护结构改造、灶具改造、取暖设施改造、可再生能源利用。最关键的一点是要培养节能意识，养成良好的节能习惯。

关于民居建筑节能设计笔者有几点自己的看法。一是要优化建筑布局。居住建筑节能设计离不开对建筑布局进行合理的规划，根据建筑布局、外立面对建筑的影响等，充分考虑建筑布局对居住建筑室内组织可能产生的影响。在炎热的夏季，浅色建筑的外立面能够在很大程度上反射太阳光辐射，有助于增加墙体对热量的反射，起到节能的效果。此外，建筑的外形、朝向等因素也会对居住建筑的节能产生一定的影响，根据建筑结构设计相关规范，南北朝向有助于减少负荷。在面积相同的情况下，通过对建筑设计效果进行改善，分析建筑设计结构的标准形式，合理调整建筑可以承担的温度，减少和避免结构设计中出现不合理的情况。二是要合理设计框架。从实际情况来看，建筑的设计架构对建筑的整体构造、造价和可行性标准等方面有着直接影响，强化建筑材料使用、消耗和运输等方面的改善，根据建筑墙体基本情况，尽量选择离施工地点较近、方便取材和使用的施工材料。对于储煤量较为丰富的地区，在居住建筑多层设计中应加强煤矸石、多孔砖等相关材料的应用，利用外墙保温材料达到一定的保温作用，充分发挥当地资源的优势。这种结构形式在施工方面较为便捷，同时结构体系承载性能较大，有利于节能和环保。在建筑结构中使用煤矸石属于能源节约的一种方式，高层结构建筑中通常使用钢筋混凝土结构，通过在墙体内部增加保温材料，加强外墙体的隔热功能，达到高层建筑外墙体节约能源的目的。需要注意的是，在建筑墙体保温设计中，需要对框架部分的厚度进行设计，防止保温层设计与框架结构的不合理，直接影响建筑保护的设计效果。三是要做好围护结构。围护结构对居住建筑节能设计的影响不容忽视，假如设计人员对保温材料了解程度不足，对建筑施工材料的规范和标准研究不深入，在进行建筑节能设计时会受到很大的制约。在进行建筑节能的施工时，施工单位按照图纸进行施工。比如某工程中屋面保温材料的施工，当使用聚苯板代替发泡水泥材料时，实际施工效果与计算值出入较大，超过限制值一半以上，经过调查原来是作业人员对发泡水泥认识存在误区，最终影响居住建筑的保温效果。

总而言之，农村民居建筑节能设计过程中，设计人员应明确节能设计的思路，充分考虑各种节能设计的影响因素，根据建筑的区域特点和使用情况，以可持续发展为基础，注重建筑布局、设计架构和维护结构的影响因素，不断提升农村民居建筑节能设计的水平，推动乡村振兴的健康发展。

第二节 乡村民居建筑的改造

我国乡村的现状是民居占地过多过大，一户多宅情况较多。充分利用现有民居，控制乡村无序蔓延，保护耕地资源，是乡村建设重要任务。与之相适应的，乡村民居建筑设计的一个重要内容也是民居改造，尤其是大量有珍贵文化价值的传统民居建筑的改造；另一方面，由于前些年乡村快速建设，大量近年建设的缺乏风貌特色的农村“火柴盒”房屋，在未来乡村建设中属于鸡肋，其建筑质量较好，拆除则浪费，保留又大煞风景，与村庄自然环境和传统文化格格不入，需要进行美化改善，进而提升村庄审美文化，改善村容村貌。

一、传统民居修缮与改造设计

传统民居在我国乡村现存建筑中占有较高的比例。近年来，随着历史文化名镇名村、传统村落等文化保护工作推进，以及乡村民宿旅游产业发展（见图 5-2），对传统民居的改造越来越多地得到社会关注。其中各级文物保护单位、历史建筑类的民居，在文物以及相关保护的法规条例中有明确保护修缮要求，在保护修缮之后恢复原貌，即“修旧如故”原则，由专业部门参与修缮设计和施工。本节所涉及的传统民居改造对象，是除以上文物保护单位、历史建筑等保护类民居之外的，具有传统特色的民居建筑。

图 5-2 乡村民宿

传统民居修缮改造首先需要进行评估和结构测算，一般可以请有经验的设计师和工匠完成。评估是对其风貌特色、文化价值进行综合分析，从风貌元素、特色建造、安全结构、使用空间和生活习俗等方面，提出需要保留的内容，即“不动”的内容，之后结合乡村的整体发展产业定位、居民生产经营需求，以及现代生活需求，在空间划分、物理性能和基础设施条件等方面提出改造设计的策略，即“可动”的内容。只有明确了“不动”与“可动”，才能进行下一步设计，其中包括需要进行的结构方式调整。传统民居改造中结构调整可以采用两种策略：第一是完全传统结构体系加固，替换破损结构构件，采用传统材料传统工艺，但施工技术要求较高；第二是在原结构基础上再重新植入一套新结构体系，通常可用钢结构等，组成一套新结构，甚至取代原有结构体系，使原结构成为围护体系和文化装饰体系。这种策略通常会结合现代材料运用，产生现代与传统风格的碰撞，在民宿改造设计中被大量运用。

例如四川省立石镇是历史文化名镇，未来发展定位为以居住、旅游文化休闲为主要功能的商贸型文化古镇。所选改造的民居为核心保护区内一处普通传统穿斗结构民居。改造设计首先对现状保护情况进行调查，测绘院落，并制作档案表。设计本院落可以作为茶馆餐厅或接待客栈使用，对原有穿斗结构进行加固，采用传统做法修缮屋顶。内部针对传统空间采光通风差等问题，拆除部分内部隔断，改善通风效果，增加了楼梯，方便上下使用，并在后部改造了卫生间，增加了下水系统。沿街立面改造是立石镇风貌整治的一项重要内容。对于以商贸经营为主的传统村镇来说，未来发展定位要突出特色，通常仍是以旅游商业为主，整治传统商业街风貌是必不可少的内容。

二、现代农房风貌改造设计

现代农房风貌改造主要是由于近年民间自建住宅中部分施工粗糙、缺乏设计，更与传统文化不相关，但是民居内部通常都是比较现代的设施，结构也比较稳固。这类民居改造的目的更主要出于美丽乡村发展实际需求，同时也是为一个地区乡村民居建设做一个范本实验。传统民居的改造属于“保外改内”，而这种现代农房改造属于“改外留内”。

例如，在甘肃某村美丽乡村整治设计中，改造主要针对近年村民自建的砖混结构水泥民居。村内传统民居强调墙面肌理（见图 5-3、图 5-4）体现传统材料美感，建筑与大山背景、地面石材、绿植（见图 5-5）的协调组合，运用墙裙、墙身、檐口三段式墙面，院内有柱廊、栏杆，红黄色彩搭配，非常富有地域淳朴的民俗特色。现代建筑为混凝土框架结构体系，黏土砖填充维护，外部以水泥抹面，是村内需要进行建筑外立面整治的重点。

图 5-3 墙面肌理（一）

图 5-4 墙面肌理（二）

图 5-5 绿植

（一）整治手段

在整体墙身材质色彩更换以及入口大门、窗套窗台、屋顶檐口等部位进行重点装饰。墙

身整体改造风格接近传统乡土建筑特色。墙身突出传统乡土特色，通过麦秸泥、黄泥用扫把刷丝等手法，形成粗糙而富有自然肌理的效果。

（二）窗效果处理

窗洞内部在原窗外侧增加一处木质窗套，酌情可增加外层窗，形成内外两层窗，加强外墙保护隔热效果。窗洞外部装饰处理，在窗台、窗楣等处增加碎砂卵石、粉刷特殊颜色等，强化窗口。

（三）整体效果

以麦秸泥、天然石材的自然材质为墙面主体，上层土黄，色彩明快；下层暗灰，色彩沉稳。

（四）装饰效果

窗、女儿墙为重点装饰区，通过白、暗棕红、黑的对比形成视觉中心，起到墙面点睛效果。

（五）具体手法

1. 麦秸泥

原水泥外墙面拉毛，挂竹片或铁丝网，增强挂泥牢固性。麦秸泥混合抹平后，主要保留天然材质色彩。

2. 卵石墙裙

近地面贴墙砌筑本地毛石、卵石，厚度不小于150mm。石材既增添墙面效果，同时作为上部麦秸泥的承重层，并避免近地面麦秸泥被碰撞或雨水浸润造成破坏。

3. 窗处理

在窗洞外围增加一圈白色粉刷涂料，要求色彩鲜亮、涂抹平整，与麦秸泥的粗糙形成对比。窗框外层增加黑色断桥铝窗套，形成内外双层窗，增强保温效果。突出窗洞的内凹效果，在天光下形成深投影，与外圈白色形成明显的对比，通过对比强化视觉冲击力。

4. 女儿墙重点装饰带

女儿墙部分划分为三段：顶部压顶为砂砾石混凝土压顶，刷白色；中段为棕红色装饰带，可由村民绘制细节纹样；下部“鼻子”为外墙麦秸泥的顶端收头处理，刷白色。

第三节　乡村现代民居设计

近些年，我国各地在新农村建设中探索设计了新农村户型，普遍借用城市住宅形式，让农民上楼。这种设计要与当地的社会经济和农民生产方式相适应，断不可搞“一刀切”全部上楼。从近年新农村建设的经验和教训看，照搬城市住宅大大破坏了乡村文化。美丽乡村建设中更应该探索的是在传统生产生活习俗的背景下新民居的设计。新民居的设计中要有传统住宅空间的继承和发展，而装饰做法和建造方式相结合，可以突出体现现代装饰审美艺术。乡村民居设计应体现地域文化。本节以山西阳城地区为例，从空间和形式两个层面探索乡村民居设计。

一、空间的继承与发展

总体要求：风貌延续、整旧如旧、新建协调。

（一）风貌延续

规划整治延续村庄现状整体风貌，通过功能更新和完善提升村庄生活品质。

（二）整旧如旧

如图 5-6 所示，村庄建筑整治改造充分尊重建筑现状，通过在现有基础上进行改造升级，使其在形式上与村庄整体风貌保持统一，在功能上实现现代宜居理念。

图 5-6　整旧如旧

（三）新建协调

新建建筑色彩和材质保持与村庄原有建筑协调，着重表达村庄传统建筑文化。

1. 院落空间

传统院落肌理的虚实变化主要体现在一种以“庭院为中心”的住宅形式上。阳城地区“四大八小”的院落空间组织为这种住宅形式的典型建筑形制。建筑外墙即是基地的边界，它对外封闭；内部则是有秩序的建筑实体和庭院空间，它们之间互相开敞。“院落空间”不仅承担着交通职能，更是一种生活、交流空间。在“院落空间”中，院的重要性和房屋的重要性是相同的，绝不只是利用房屋平面布置后剩余的外部空间，而是有意识地去创造一个完整而适用的庭院，甚至把房屋看作围合院子的组成部分。

在规划中，根据使用需求把空间重新进行组合，形成新的秩序。现代的生活方式与传统相比有很大的不同，不再需要遵从传统礼制的秩序，对建筑空间的利用也更加集约化。在处理空间的层次上也利用透空的景墙、小品（见图 5-7）、花架来获得空间的渗透，使得被分隔的空间保持一定程度的连通。

图 5-7 透空的景墙、小品

在地形、经济等因素的制约下，考虑与庭院空间的交流，便形成了以“凹”形房屋围合成的庭院，而非传统礼制观念下的正房居中，四面围合。建筑不再只是采用单一的平面院落，而是发展了多种院落形式，如由多座建筑单体围合而成的“四合院”，使之不仅在传统肌理上与“四大八小”虚实肌理更为接近，也融入了现代生活的流线，空间组成更加符合现代生活，给整个室内空间带来了通透、亮堂、大气的感觉。

为了创造出多层次的院落空间，除了主要院子外，还可以设计露台，形成空中立体小院即“院落＋露台”。主要房间均朝向内院采光，室内外相互交融，客厅向内部庭院延伸，使得室内外空间相互渗透，成为富有生活趣味的室外客厅，也十分有利于邻里之间的交往。

2. 入口空间

新建筑的“入口空间”可以继承传统建筑的入口平面形态。“入口空间”有的为内嵌式，节约了宅前空间；有的与二层窗户作为整体出现，强调了入口体量。同时“入口空间”与“院落空间”有机相连，廊道也为居住者提供了漫游的体验，院与室内外的模糊区分也明显区别于客厅中心型住宅那种边界明晰的做法。

3. 客厅与卧室

我国传统建筑并不以直接的空间形态来划分内部的功能，因此，传统民居各个居室的使用功能没有固定的模式，仅仅通过内部家具的摆放、装饰即可定义内部的空间属性，且常有多重属性。

传统民居的正房位于宅院中轴线上的靠北方位，象征着主人不可动摇的家长地位。正房三开间的居多，采用一明两暗的建筑形式，客厅位于明间，摆设长几、挡屏、自鸣钟、书桌等。两侧暗间通过木质格栅与客厅相隔。其中一个房间放置祖先牌位和神位；另一房间多筑前炉后炕或放置睡床，冬季取暖用煤火。厢房的建筑规格、工料、装修比正房的等级低一些，通常为晚辈居住。

由于客厅使用时间长、使用人数多，在保护更新设计中，应注意使其开敞明亮，有足够的面积和家居布置空间，以便于集中活动，同时还应与院落等室外空间有较为密切的联系，甚至利用户外空间当成视觉上的伸展。再者，可将客厅窗台高度适度降低，扩大窗户的面积，加强室内外的联系，扩大视野。

普通村民家庭一般有4～6口人，根据人口组成，设计3～4个卧室。考虑到居民使用的舒适性，卧室面积控制在14～21m^2之间。将院落式住宅的卧室大部分布置在二层，有较好的朝向。卧室通过外廊连接，这样除可改善乡村住宅的内部空间外，还会使造型更加丰富化。

当卧室面积能够满足家庭需要时，平面上向后退进一些，在一层的屋顶上退出一定的平台，用作露台，既有使用性又能丰富住宅立面。

家庭养老、多代同堂，是村镇家庭的一大特点。因此，针对三代、四代同堂的住户，设计老人房，将老人房布置在一层、朝南，阳光充足，有利于老人健康；同时，老人房还应邻近出入口，使之出入方便，利于交往。

4. 厨房、卫生间

传统民居中位置不利的倒座、耳房通常为服务空间，如西北角的耳房，通常用作厨房，东北角的耳房，通常用作前后两进院落的联系通道，方位最不利的耳房一般设为茅厕，其余为储藏空间。

而现代厨房、卫生间的设计是居住文明的重要组成部分，人们越来越要求其合理布置。

过去呛人的油烟和杂乱的锅碗瓢盆曾经一度代表了农村厨房的形象，但随着厨房设备与燃料的改变，村民对厨房的理解和要求也就更多了。进行厨房设计时，应考虑到卫生与方便的统一，将厨房布置在住宅北面紧靠餐厅的位置，并有通过餐厅通往室外的出入口。厨房通风采光良好，厨房内不但有洗池、案台、灶台，而且根据“择、洗、切、烧”顺序布置成一字形或L形，满足村民现代生活需求。

随着人民生活水平的改善和提高，卫生间的面积和设施标准也在提高。仅在离正房较远的室外角落里设置一个简陋而不安全的蹲坑已不能满足广大村民的要求。在更新设计中，应在室外保留旱厕的同时，在新建的低层住宅中分层设置卫生间。

二、建筑形式的保护与更新

（一）屋顶形式

屋顶形式是民居建筑的显著特征。传统乡村建筑屋脊、屋檐等处多有刻以吉祥图案的砖雕。而屋顶上的装饰构件也集中体现传统艺术的精美，脊兽、悬鱼、惹草、博风等装饰物有宣扬人伦、孝悌、进学的礼制观念，有希冀福、禄、寿、喜的生存观念，也有追求天、地、人和谐统一的宇宙观念，它们都对屋顶轮廓的丰富起到了不小的作用。

在民居建筑的保护更新设计中同样可以引入富有中国特色的屋顶，将传统坡屋顶进行解构，用现代设计手法处理细部，把具有中国特色的元素运用其中。屋顶形式可选择以双坡屋面（见图 5-8）为主，南北向房屋屋顶高度略高于东西向。屋架可采用传统抬梁式屋顶做法，檩条和椽子采用木头，梁采用混凝土。屋顶铺瓦处理上，可使用筒板瓦屋面。装饰构件上可用一条简单的清水混凝土条取代原来做法烦琐的脊瓦、脊兽，檐口也可摒弃烦琐的椽子、斗栱，用简单的混凝土线脚取而代之。

图 5-8　双坡屋顶

同时，可采用双坡屋顶与屋顶露台相结合。屋顶露台通过运用轻钢构件或木构件以檩条组合排列的形式象征性表达屋顶，二者一实一虚，以合理的比例关系尺度出现在建筑立面上，使整个建筑显得有层次、有变化、有韵律感，而且具有很强的时代感。

（二）门窗样式

门窗是防风、防沙、御寒、御热、采光、通风的综合设施。房门俗称为家门，用厚木板做成，多为两扇，内安门闩和门关，是室内防盗安全措施之一。比较讲究的宅院，常建仪门，既有垂花式，也有立柱式。传统民居建筑的窗户不仅能抵御风沙，还能装点门面。一般而言，窗格造型极为讲究，有万字格、丁字格、古钱格、冰纹格、梅花格、菱形格等。

传统民居建筑多以砖石墙体实现建筑空间的围合，以窗台和门额等来支撑门窗上部处的竖向荷载，这些部位往往采用大块完整的条石来保证门窗洞口的结构稳定性。村民们在门额、窗台等部位加入各种装饰图案，这些装饰图案基本遵循着“有图必有意，有意必吉祥”的传统民居建筑装饰理念（见图 5-9）。古建中的窗格样式过于复杂，已不能在现代民居建筑中推广使用，新窗户样式以简单灰色铝合金框分割玻璃，简洁大方。设计时，可根据商业、客厅、厨房、廊道等不同的使用功能要求设计不同的窗户样式，沿街店面多采用轻巧的隔扇门窗，廊道设计长条形窗，厨卫则为上悬窗。

图 5-9 传统民居建筑窗格造型

（三）装饰节点设计

建筑装饰是为了保护建筑构件，完善各构件的物理性能和使用功能，并美化建筑物的内外形态，采用装饰装修材料或饰物对建筑物的内外表面、空间、构造节点、细部等进行的各种处理。传统乡村建筑的装饰细节，包含着人们对生活的关注与热情，其产生与时代背景紧密相连。然而工业化的生产模式使手工艺时代的许多东西都消失了踪迹，在当今的技术条件与审美背景下，传统装饰细节应当以怎样的姿态来延续生命呢？

1. 传统细节的“不变”

传统的手工艺细节片段在当今建筑的杂糅与拼贴手法中有了继续生存的可能性。材质无须替换，形式无须改变，手工艺细节以原始的方式拼贴于建筑中。这些片段可以带来比其自身更多的含义，让传统建筑的语汇重新具有生命力，表达出一种内藏的关联，不影响建筑的整体性，能够使传统与现代相互协调，也使人们容易理解和接受。

在传统乡村建筑的保护更新设计中，可以选择状况较好的有保留价值的材料、构件或结构局部保留，如精细的砖雕、花饰长窗、柱础等，将其有机地组织进新建筑中，设置在视觉中心处，起到画龙点睛的作用。由于这些细节自身有某种程度的独立性和完整性，拼贴的片段可以按照现代的审美需求加以改造和变化，不需要墨守传统的设计规则、构图方式和连接逻辑。这样既可以体现传统的连续性，也兼具时代特点，是在新语境下对传统语汇的巧妙运用。

例如，传统民居中柱础主要用来支撑由柱子传来的重量，一般用石材制作。其形式主要有覆钵式、须弥座式、鼓式、动物式以及各种组合式等，造型丰富，式样繁多。可以将废弃

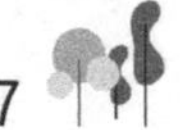

的柱础用到景观中，赋予其使用的新功能，作为石凳出现。

2. 传统细节的“变”

是指用当代的语言对其进行转译，存其神，去其物质形式，令其符合当代的语汇法则，又存在传统细节的感人之处。在设计中体现传统文化，对传统进行合理的继承，不能只局限于对传统形式的模仿和简单的套用符号，而是要对传统建筑文化进行深层次的挖掘，用扬弃的理念来对待传统形式。传统建筑的精髓需要在对其深层次内涵理解的基础上，用现代的手法加以提炼概括、抽象演化，完成传统建筑形式的现代继承。

第四节　新农村生态建筑设计

一、新农村太阳能利用

（一）主动式太阳房

主动式太阳房是以太阳能集热器、散热器、管道、风机或泵，以及贮热装置组成的强制循环太阳能采集系统或者是由上述设备与吸收式制冷机组成的太阳能空调系统。

这种系统的优点是控制调节比较灵活、方便，应用也比较广泛，除居住建筑外，还可用于公共建筑和生产建筑。缺点是一次性投资较高，技术较复杂，维修工作量也比较大，并需要消耗一定量的常规能源。因而，对于小型建筑特别是居住建筑来说，基本都被被动式太阳房所代替。

（二）被动式太阳房

1. 被动式太阳房的原理及特点

被动式太阳房是通过建筑朝向和周围环境的合理布置、内部空间和外部形体的巧妙处理以及结构构造和建筑材料的恰当选择，使建筑冬季能集取、保持、贮存、分布太阳热能，从而解决冬季采暖问题；同时，夏季能遮蔽太阳辐射，散发室内热量，从而使建筑物降温。

被动式太阳房是一种让太阳射进房屋并加以应用的途径，整个建筑本身就是一个太阳能系统，不像主动式太阳房那样需要另外附加一套采暖设备。例如，窗户不仅仅是为了采光和观景，同时是太阳能集热装置；围护、分隔空间的墙体也是贮存辐射热量的构件。

被动式太阳房不需要或仅需要很少的动力和机械设备，维修费用少。它的一次性投资及使用效果很大程度上取决于建筑设计水平和建筑材料的选择。被动式太阳房利用太阳能来采暖降温，节约常规能源，具有良好的经济效益、社会效益和环境效益。

2. 被动式太阳房的采暖方式

被动式太阳房的采暖方式主要有直接受益式、对流环路式、蓄热墙式和附加日光间式。

（1）直接受益式

建筑物最简单、最普遍的采暖方式就是直接利用太阳能，即让阳光透过窗户直接照射到室内，提高室温，从而节约常规能源。

(2) 对流环路式

对流环路式的原理类似家用太阳能。热水系统（见图 5-10)，依靠“热虹吸”作用进行循环。对流环路板是一个平板空气集热器。它由一层或两层玻璃覆盖着一个黑色吸热板组成。空气可以流过吸热板前面或后面的通道。对流环路板的后面设有保温材料。集热器内的空气被吸热板吸收的太阳能加热后上升，经过上部进风口进入房间，同时房间下部温度较低的空气由下部风口进入集热器继续被加热，如此形成循环。

图 5-10 家用太阳能热水系统

建筑中，把围护结构设计成双层壁面，在两壁面间形成封闭的空气间层，并将各部位的空气层相连，形成循环，在太阳产生的热力作用下，依靠“热虹吸”作用产生对流环路系统，在对流循环过程中不断加热壁面间的空气，并使壁面不断地贮存热量，在适当的时候释放热量，保证室内温度稳定。对流环路式也可以在墙体、楼板、屋面、地面上应用。利用双层玻璃形成的空气集热器效果更好。对流环路式为了获得良好的“热虹吸”效果，集热面的垂直高度要大于 1.8m，空气层厚度一般取 100～200mm。

在对流环路系统中，夜间当集热墙变冷时，可能产生反向对流，损失掉晴天所获热量，所以设置自动防止反向对流的逆止风门。逆止风门是在风口上悬挂一层又轻又薄的塑料薄膜，热气流可以轻轻地把风门推开进入房间，反向气流则使塑料薄膜落回原来的位置遮住风口，阻止气流逆循环。

对流环路采暖方式最适用于学校、办公建筑等，因为这些建筑的主要特点是白天使用，与集热墙运行周期相一致。它也可以用于住宅这类白天和夜间均使用的建筑，但必须设置一定的贮热体，夜间向室内释放热量。

(3) 蓄热墙式

蓄热墙式是综合直接受益式和对流环路式两种太阳能得热方法，主要由外侧玻璃面、空气间层和内侧贮热体构成，在贮热体上开设有一定高差的风口，调节空气间层被加热的空气流入室内。

蓄热墙常采用混凝土、砖、土坯等作为贮热体，这种墙体也称为特隆布墙。蓄热墙的厚度为 300mm 左右，表面色彩宜深，当阳光投射到它上面时便被加热。像对流环路一样，对流风口设在墙的底部和顶部，房间的冷空气下降进入底部风口，在贮热体和玻璃之间的空间中受热上升，经由顶部风口进入房间。同时，墙体吸收的太阳热能向室内传热。在没有太阳的时候，关闭底部和顶部的风口，蓄热墙向室内辐射热量。蓄热墙也可以采用水墙。水墙热容性好，整个墙体厚度、温度保持较均匀，但构造复杂，造价较高，应用较少。

在夏季，集热蓄热墙还可促进房间的自然通风，从而降低室内温度。这是由于当玻璃与墙体之间的空气被太阳能加热后，通过面向室外的上部排风口被抽出。这样室内的热空气排出室外，而房屋北侧或地下的凉空气补进室内，降低室内空气温度。但是如果开向室外的排风口冬天不能严密关闭的话，这种降温系统不应考虑。

在比较寒冷的气候条件下，蓄热墙应至少设两层玻璃。集热蓄热墙的上下风口应靠近天花板和地板，上下风口的垂直距离不宜小于 1.8m，上下风口的总横断面积约为该墙面积的 1%。和对流环路（集热墙）系统一样，风口应安装塑料薄膜自动逆止风门。外侧玻璃与贮热墙体之间的空腔或流道宽度，一般为 75～100mm。

集热蓄热墙的贮热墙体外侧，一般喷涂黑色吸热材料。如果喷涂吸收率高而发射率低的选择性涂层，可以提高它的热效果。但是建筑立面上的大片黑色常常使人们感到沉闷和压抑，所以有时改用墨绿、暗红、深棕等色，但热效率不及黑色。

由于热波自贮热墙体室外一侧向室内一侧的传导需要一个过程，因而内表面峰值温度出现的时刻将随墙体厚度和材料的不同，较外表面产生不同的时间延迟，所以它能够把白天吸收的太阳能贮存到夜晚使用。蓄热墙系统常和直接受益式组合应用，白天由直接受益窗供暖，夜间由蓄热墙供暖，从而使房间获得稳定而舒适的温度。

（4）附加日光间式

附加日光间是指由于直接获得太阳能而使温度升高的空间，利用空间热量来达到采暖的目的。过热的空气可以立即用于加热相邻房间，或者贮存起来留待没有太阳照射时使用。在一天的所有时间内，附加日光间内的温度都比室外高，这一较高的温度使其作为缓冲区减少建筑的热损失。

附加日光间还可以作为温室栽种花草，以及用于观赏风景、交通联系、娱乐休闲等多种功能。它为人们创造了一个置身大自然之中的室内环境。

附加日光间常在南向设置，常采用的有南向走廊、封闭阳台、门厅等。可把南面做成透明的玻璃墙，屋顶做成具有足够强度倾斜的玻璃，加大集热数量。

附加日光间采用双层玻璃，为了减少夜间热损，可安装卷式保温帘。同时，日光间每 20～30m^2 玻璃需要安装 1m^2 的排风口，保证日光间的通风和防止夏季日光间过热。

附加日光间与相邻房间常用的传热方式有四种：①太阳热能通过日光间与房间之间的玻璃门窗直接射入室内；②日光间的热量借助自然对流或小风扇直接传送到房间；③通过房间与日光间之间的墙体传导、辐射给房间；④先贮存在卵石床，再传给建筑物。

被动式太阳房建筑设计，除考虑采暖效果外，和常规建筑一样，还必须做到功能适用、造型美观、结构安全合理、维护管理方便，以及节约用料、减少投资等，因而需要反复进行方案比较。在很多情况下，一幢太阳房常组合应用两种或三种采暖方式。

（三）太阳能热水器与太阳能灶的应用

1. 太阳能热水器的应用

太阳能热水器是把预先贮存在一个容器中的冷水，通过太阳的直接照射加热到一定温度，为家庭提供采暖、洗衣、炊事等用途的热水。水温随季节、地区的纬度、阳光照射时间的长短而不同，在夏季一般可达到 50～60℃。我国获得太阳能每年约为 3.6×10^{22}J，相当于 1.2 万吨标准煤的发热量。

太阳能热水器正越来越广泛地用于生产、生活与科研领域。炊事用太阳能灶也越发被重视，并推广应用。我国不少农村和喜马拉雅山等地区，为保护环境，已经较为普遍地使用了太阳能灶和太阳能热水器。太阳能热水器分金属类太阳能热水器、玻璃真空管热水器、热管热水器等。玻璃真空管热水器是目前国际采用最为广泛的一种太阳能热水器。

水费不计算在内，燃气热水器4年的燃料动力费用为2480元，电热水器4年的燃料动力费用为2552元。同样的热水器，太阳能热水器只要4～5年就收回总投资，可免费使用10～15年，节约近万元。村镇建房由于房屋间距较大、楼层不多，使用太阳能热水器都会获得良好的收益。

2. 太阳灶的应用

在阳光资源丰富、燃料短缺的地区，推广利用太阳灶作为农村家庭的辅助生活能源是很有意义的。太阳能灶一般采用反射聚焦太阳能，材料较易取得，制作也较方便，特别适用于村镇建筑。家用太阳灶，必须满足以下几个基本要求：

① 能提供400℃以上温度，这个温度是烹饪时煮沸食用油所必需的；

② 功率在700～1500W之间，小于这个功率对于农村家庭实用性不大；

③ 廉价、方便、可靠和耐用，反光材料的有效寿命为两年以上。

二、新农村沼气利用

（一）沼气的概述

1. 沼气的概念及成分

沼气是有机物质在厌氧环境中，在一定的温度、湿度、酸碱度的条件下，通过微生物发酵作用，产生的一种可燃气体。由于这种气体最初是在沼泽、湖泊、池塘中发现的，所以人们叫它沼气。沼气含有多种气体，主要成分甲烷（CH_4）是一种很好的洁净燃料。畜牧养殖业的牲畜粪便、农产品废弃物及生活有机垃圾，均可作为沼气的发酵原料。

2. 沼气技术的利用

沼气能源是农村普遍采用的节能方法。沼气用来引火煮食，达到节约煤炭、减少污染的目的。

沼气能作为太阳能应用的补充，有效地解决了人聚地域内排泄物的处理和再利用问题，极好地形成建筑可持续发展的过程，符合保护人类生态环境的要求。

在我国广大的农村，沼气技术已相当成熟，广大用户已积累了丰富的经验。居民居住较为集中的小区，若经济条件好，可采用集中供气发酵供给沼气。

3. 沼气池的分类

随着我国沼气科学技术的发展和农村家用沼气的推广，根据当地使用要求和气温、地质等条件，家用沼气池可采用的形式有固定拱盖的水压式池、大揭盖水压式池、吊管式水压式池、曲流布料水压式池、顶返水水压式池、分离浮罩式池、半塑式池、全塑式池和罐式池。形式虽然多种多样，但是归总起来大体由水压式沼气池、浮罩式沼气池、半塑式沼气池和罐式沼气池四种基本类型变化形成的。与四位一体生态塑料大棚模式配套的沼气池一般为水压式沼气池，它又有几种不同形式。

（二）固定拱盖水压式沼气池

圆筒形固定拱盖水压式沼气池的池体上部气室完全封闭，随着沼气的不断产生，沼气压力相应提高。这个不断升高的气压，迫使沼气池内的一部分料液进到与池体相通的水压间内，使得水压间内的液面升高。这样一来，水压间的液面跟沼气池体内的液面就产生了一个水位差，这个水位差就叫作“水压”（也就是U形管沼气压力表显示的数值）。

用气时，沼气开关打开，沼气在水压下排出；当沼气减少时，水压间的料液又返回池体内，使得水位差不断下降，导致沼气压力也随之相应降低。这种利用部分料液来回窜动引起水压反复变化来贮存和排放沼气的池型，就称为水压式沼气池。

水压式沼气池是我国农村推广最早、数量最多的池型。把厕所、猪圈和沼气池连成一体，人畜粪便可以直接打扫到沼气池里进行发酵。

水压式沼气池有以下几个优点：①池体结构受力性能良好，而且充分利用土壤的承载能力，所以省工省料，成本比较低；②适于装填多种发酵原料，特别是大量的作物秸秆，对农村积肥十分有利；③为便于经常进料，厕所、猪圈可以建在沼气池上面，粪便随时都能打扫进池；④沼气池周围都与土壤接触，对池体保温有一定的作用。

水压式沼气池也存在一些缺点，主要是：①由于气压反复变化，而且一般在4～16kPa压力之间变化，这对池体强度和灯具、灶具燃烧效率的稳定与提高都有不利的影响；②由于没有搅拌装置，池内浮渣容易结壳，又难以破碎，所以发酵原料的利用率不高，池容产气率（即每立方米池容积一昼夜的产气量）偏低；③由于活动盖直径不能加大，对发酵原料以秸秆为主的沼气池来说，大出料工作比较困难。因此，出料的时候最好采用出料机械。

（三）沼气池的设计

1. 沼气池的设计原则

建造上述“模式”中的沼气池，首先要做好设计工作。总结多年来科学实验和生产实践的经验，设计与“模式”配套的沼气池必须坚持的原则有以下三项。

（1）必须坚持“四结合”原则

“四结合”是指沼气池与畜圈厕所、日光温室相连，使人畜粪便不断进入沼气池内，保证正常产气，持续产气，并有利于粪便管理，改善环境卫生，沼液可方便地运送到日光温室蔬菜地里作肥料使用。

（2）坚持“圆、小、浅”的原则

“圆、小、浅”是指池形以圆柱形为主，池容6～12m^3，池深2m左右。圆形沼气池具有以下优点。根据几何学原理，相同容积的沼气池，圆形比方形或长方形的表面积小，比较省料；密闭性好，且较牢固。圆形池内部结构合理，池壁没有直角，容易解决密闭问题，而且四周受力均匀，池体较牢固。我国北方气温较低，圆形池置于地下，有利于冬季保温和安全越冬；适于推广。无论南方、北方，建造圆形沼气池都有利于保证建池质量。小，是指主池容积不宜过大。浅，是为了减少挖土深度，也便于避开地下水，同时发酵液的表面积相对扩大，有利于产气，也便于出料。

（3）坚持直管进料，进料口加箅子、出料口加盖的原则

直管进料的目的是使进料流畅，也便于搅拌。进料口加箅子是防止猪陷入沼气池进料管

中。出料口加盖是为了保持环境卫生，消灭蚊蝇滋生场所和防止人、畜掉进池内。

2. 沼气池的设计依据

设计与“模式”配套的沼气池，制订建池施工方案，必须考虑下列因素。

(1) 选择池基应考虑土质

建造沼气池，选择池基很重要，这是关系到建池质量和池子寿命的问题，必须认真对待。由于沼气池是埋在地下的建筑物，因此，与土质的好坏关系很大。土质不同，其密度不同，坚实度也不一样，容许的承载力就有差异。而且同一个地方，土层也不尽相同。如果土层松软或是沙性土或地下水位较高的烂泥土，池基承载力不大，在此处建池，必然引起池体沉降或不均匀沉降，造成池体破裂，漏水漏气。

因此，池基应该选择在土质坚实、地下水位较低，土层底部没有地道、地窖、渗井、泉眼、虚土等隐患之处；而且池子与树木、竹林或池塘要有一定距离，以免树根、竹根扎入池内或池塘涨水时影响池体，造成池子漏水漏气。北方干旱地区还应考虑池子离水源和用户都要近些。若池子离用户较远，不但管理（如加水、加料等）不方便，输送沼气的管道也要很长，这样会影响沼气的压力，燃烧效果不好。此外，还要尽可能选择背风向阳处建池。

(2) 设计池子应考虑荷载

确定荷载是沼气池设计中一项很重要的环节。如果荷载确定过大，设计的沼气池结构截面必然过大，结果用料过多，造成浪费；如果荷载确定过小，设计的强度不足，就容易造成池体破裂。

(3) 设计池子应考虑拱盖的矢跨比和池墙的质量

建造沼气池，一般都用脆性材料，受压性能较好，抗拉性能较差。根据削球形拱盖的内力计算，当池盖矢跨比（即矢高与直径之比，矢高指拱脚至拱顶的垂直距离）在1∶5.35时，是池盖的环向内力变成拉力的分界线；大于这个分界线，若不配以钢筋，池盖则可能破裂。因此，在设计削球形池拱盖时矢跨比一般在1∶(4～6)；在设计反削球形池底时矢跨比为1：8左右（具体的比例还应根据池子大小、拱盖跨度及施工条件等决定）。

在砌拱盖前要砌好拱盖的蹬脚。蹬脚要牢固，使之能承受拱盖自重、覆土和其他荷载（如畜圈、厕所等）的水平推力（一般说来，一个直径为5m，矢跨比为1∶5，厚度为10cm的混凝土拱盖，其边缘最大拉力约为10t)，以免出现裂缝和下塌的危险；其次，池墙质量必须牢固。池墙基础（环形基础）的宽度不得小于40cm（这是工程构造上的最小尺寸)，基础厚度不得小于25cm。一般基础宽度与厚度之比，应在1∶(1.5～2)范围内为好。

3. 沼气池容积的计算

建造沼气池，事先要进行池子容积的计算，就是说计划建多大的池子为好。计算容积的大小原则上应根据用途和用量来确定。池子太小，产气就少，不能保证生产、生活的需要；池子太大，往往由于发酵原料不足或管理跟不上等原因，造成产气率不高。

目前，我国农村沼气池产气率普遍不够稳定，夏天一昼夜每立方米池容约可产气0.15m^3，冬季约可产气0.1m^3。一般农村五口人的家庭，每天煮饭、烧水约需用气1.5m^3（每人每天生活所需的实际耗气量约为0.2m^3，最多不超过0.3m^3）。同时，应考虑生产用肥。因此，农村建池，每人平均按1.5～2m^3的有效容积计算较为适宜（有效容积一般指发酵间和贮气箱的总容积）。

（四）沼气池场地规划及要求

沼气站位置应尽量靠近料源地，以便于原料的运输。沼气池的平面布置应分为生产区及辅助区（锅炉房、实验室、值班室）。由于沼气制气、贮存均为低压，根据工程规模的大小，与民用房屋应有 12～20m 的距离。由于可能的气味，宜布置在小区的下风向。

对日产沼气 800～1000m^3 的沼气站来说，占地面积可采取 30m×50m＝1500m^2 即可。

三、围护结构节能设计

（一）围护结构的概述

在建筑物的朝向、体型系数、楼梯间开敞与否及建筑物入口处一定的情况下，建筑物的耗热量与其围护结构有着密切的关系。围护结构的节能设计涉及建筑的外墙、屋顶、门窗、楼梯间隔墙、首层地面等部位。

在相同的室内外温差条件下，建筑围护结构保温隔热性能的好坏，直接影响到流出或流入室内的热量的多少。建筑围护结构保温隔热性能好，流出或流入室内的热量就少，采暖、空调设备消耗的能量也就少；反之，建筑围护结构保温隔热性能差，流出或流入室内的热量就多，采暖、空调设备消耗的能量也就多。

我们应特别注重围护结构的保温设计，采用高效保温隔热材料，加强围护结构的保温隔热性能。

（二）围护结构的墙体设计

1. 围护结构墙体构造方案设计

从传热耗热量的构成来看，外墙所占比例最大，约占总耗热量的 1/3，因此必须要重视外墙的保温。一般而言，单一材料的外墙，在合理的厚度之内，很少有能够满足节能标准要求的。因此，发展复合墙体才能大幅度提高墙体的保温隔热性能。复合墙体是把墙体承重材料和保温材料结合在一起，有外保温、内保温和夹芯保温三种结构形式。每种方式各有其优缺点。

2. 外保温复合墙体

外保温复合墙体做法是把保温材料复合在墙体外侧，并覆以保护层。这样，建筑物的整个外表面（除外门、窗洞口）都被保温层覆盖，有效抑制了外墙与室外的热交换。

（1）外墙外保温的特点

① 外保温可以避免产生热桥。过去，外墙既要承重又要起保温作用，外墙厚度必然较厚。采用高效保温材料后，墙厚得以减薄。但如果采用内保温，主墙体越薄，保温层越厚，热桥的问题就越趋于严重。在寒冷的冬天，热桥不仅会造成额外的热损失，还可能使外墙内表面潮湿、结露，甚至发霉和淌水。而外保温则不存在这种问题。由于外保温避免了热桥，在采用同样厚度的保温材料条件下，外保温要比内保温的热损失减少约 1/5，从而节约了热能。

② 外墙外保温有利于使建筑冬暖夏凉。在进行外保温后，由于内部的实体墙热容量大，室内能蓄存更多的热量，使诸如太阳辐射或间歇采暖造成的室内温度变化减缓，室温较为稳定，生活较为舒适；太阳辐射得热、人体散热、家用电器及炊事散热等因素产生的“自由

热”得到较好的利用，有利于节能。而在夏季，外保温层能减少太阳辐射热的进入和室外高气温的综合影响，使外墙内表面温度和室内空气温度得以降低。

③ 适当降低室温，可以减少采暖负荷，节约能源。室内居民实际感受到的温度，既有室内温度又有围护结构内表面的影响。这就证明，通过外保温提高外墙内表面温度，即使室内的空气温度有所降低，也能得到舒适的热环境。由此可见，在加强外保温、保持室内热环境质量的前提下，适当降低室温，可以减少采暖负荷，节约能源。

④ 主体墙寿命延长。由于采用外保温，内部的砖墙或混凝土墙受到保护。室外气候不断变化引起墙体内部较大的温度变化发生在外保温层内，使内部的主体墙冬季温度提高、湿度降低，温度变化较为平缓，热应力减少，因而主体墙产生裂缝、变形、破损的危险大为减轻，寿命得以大大延长。

⑤ 外保温可以避免不必要的麻烦。采用内保温的墙面上难以吊挂物件，甚至安设窗帘盒、散热器都相当困难。在旧房改造时，从内侧保温存在使住户增加搬动家具、施工扰民，甚至临时搬迁等诸多麻烦，产生不必要的纠纷，还会因此减少使用面积。外保温则可以避免这些问题发生。当外墙必须进行装修或抗震加固时，是加做外保温最经济、最有利的时机。

⑥ 采用外保温有利于装修。我国目前许多住户在住进新房时，大多先进行装修。在装修时，房屋内保温层往往遭到破坏。采用外保温则不存在这个问题。外保温有利于加快施工进度。如果采用内保温，房屋内部装修、安装暖气等作业，必须等待内保温做好后才能进行，但采用外保温，则可以与室内工程同时作业。

⑦ 外保温可以使建筑更为美观。外保温可以使建筑更为美观。只要做好建筑立面设计，建筑外貌会十分出色。特别在旧房改造时，外保温能使房屋面貌大为改观。

⑧ 外保温适用范围十分广泛。既适用于采暖建筑，又适用于空调建筑；既适用于民用建筑，又适用工业建筑；既可用于新建建筑，又可用于既有建筑；既能在低层、多层建筑中应用，又能在中高层和高层建筑中应用。

⑨ 外保温的综合经济效益很高。虽然外保温工程每平方米造价比内保温相对要高一些，但只要技术选择适当，单位面积造价相差并不多。特别是由于外保温比内保温增加了使用面积近 2%，实际上是使单位使用面积造价得到降低。加上有节约能源、改善热环境等一系列好处，综合效益是十分显著的。

(2) 外墙外保温体系的组成

外墙外保温是指在垂直外墙的外表面上建造保温层，该外墙用砖石或混凝土建造。此种外保温可用于新建墙体，也可以用于既有建筑外墙的改造。该保温层对于外墙的保温效能增加明显，其热阻值应超过 $1m^2 \cdot K/W$。由于是从外侧保温，其构造必须能满足水密性、抗风压以及温湿度变化的要求，不致产生裂缝，并能抵抗外界可能产生的碰撞作用，还能使其与相邻部位（如门窗洞口、穿墙管道等）之间以及在边角处、面层装饰等方面，均得到适当的处理。

然而必须注意，外保温层的功能，仅限于增加外墙保温效能以及由此带来的相关要求，而不应指望这层保温构造对主体墙的稳定性起到作用。其主体墙即外保温层的基底，必须满足建筑物的力学稳定性的要求，能承受垂直荷载、风荷载，并能经受撞击而保证安全使用，还应能使被覆的保温层和装修层得以牢牢固定。不同的外保温体系，其材料、构造和施工工艺各有一定的差别。

外墙外保温体系大体由如下部分组成。

① 保温层。应采用热阻值高，即热导率小的高效保温材料，其热导率一般应小于

0.05W/(m·K)。根据设计计算，保温层具有一定厚度，以满足节能标准对该地区墙体的保温要求。此外，保温材料的吸湿率要低，而黏结性能要好；为了使所用的黏结剂及其表面的应力尽可能减少，对于保温材料，一方面要用收缩率小的材料；另一方面，尺寸变动时产生的应力要小。为此，可采用的保温材料有膨胀型聚苯乙烯（EPS）板、挤塑型聚苯乙烯（XPS）板、岩棉板、玻璃、棉毡以及超轻保温浆料等。其中以阻燃膨胀型聚苯乙烯板、挤塑型聚苯乙烯板应用得较为普遍。

② 保温板的固定。同样的外保温体系，采用的固定保温板的方法各有不同。有的将保温板黏结或钉固在基底上，有的为两者结合，以黏结为主，或以钉固为主。将保温板黏结在基底上的黏结材料多种多样。为保证保温板在黏结剂固化期间的稳定性，有的体系用机械方法做临时固定，一般用塑料钉钉固。

使保温层永久固定在基底上的机械件，一般采用膨胀螺栓或预埋筋之类的锚固件。国外往往用不锈蚀而耐久的材料，由不锈钢、尼龙或聚丙烯等制成。国内常用的钢制膨胀螺栓，应做好防锈处理。

对于用膨胀聚苯乙烯板作现浇钢筋混凝土墙体的外保温层，还可以采用将保温板安设在模板内，通过浇灌混凝土加以固定的方法。即在绑扎墙体钢筋后，将侧面交叉分布有斜插钢丝的聚苯乙烯板，依次安置在钢筋层外侧，平整排列并绑扎牢固。在安装模板、浇灌混凝土后，此聚苯乙烯保温层即可固定在钢筋混凝土墙面上。超轻保温浆料可直接涂抹在外墙外表面上，例如胶粉聚苯颗粒砂浆。

③ 面层。保温板的表面覆盖层有不同的做法，薄面层一般为聚合物水泥胶浆抹面，厚面层则仍采用普通水泥砂浆抹面。有的则用在龙骨上吊挂薄板箱覆面。

薄型抹灰面层为在保温层的所有外表面上涂抹聚合物水泥胶浆。直接涂覆于保温层上的为底涂层，厚度较薄（一般为4～7mm），内部包覆有加强材料。加强材料一般为玻璃纤维网格布，有的则为纤维或钢丝网，包含在抹灰面层内部，与抹灰面层结合为一体，其作用为改善抹灰层的机械强度，保证其连续性，分散面层的收缩应力和温度应力，避免应力集中，防止面层出现裂纹。网格布必须完全埋入底涂层内，从外部不能看见，以使其不致与外界水分接触（因网格布受潮后，其极限强度会明显降低）。

不同的外保温体系，面层厚度有一定差别。但总体要求是，面层厚度必须适当，薄型的一般在10mm以内。如果面层厚度过薄，结实程度不够，就难以抵抗可能产生外力的撞击；但如果过厚，加强材料离外表面较远，又难以起到抗裂的作用。

厚型的抹灰面层，在保温层的外表面上涂抹水泥砂浆，厚度为25～30mm。此做法一般用于钢丝网架聚苯板保温层上（也用于岩棉保温层上），其加强网为网孔50mm×50mm、用2钢丝焊接的网片，并通过交叉斜插入聚苯乙烯板内的钢丝固定。抹灰前在聚苯板表面喷涂界面处理剂以加强黏结。所用水泥砂浆强度应适当，可用强度等级为42.5的普通硅酸盐水泥、中砂，1∶3配比。抹灰应分层进行，底层和中层抹灰厚度各约10mm，中间层抹灰应正好覆盖住钢丝网片。面层砂浆宜用聚合物水泥砂浆，厚度5～10mm，可分两次抹完，内部埋入耐碱玻璃纤维网格布，如前所述。各层抹灰后均应洒水养护，并保持湿润。

为便于在抹灰层表面上进行装修施工，加强相互之间的黏结，有时还要在抹灰面上喷涂界面剂，形成极薄的涂层，上面再做装修层。外表面喷涂耐候性、防水性和弹性良好的涂料，也能对面层和保温层起到保护作用。

有的工程采用硬质塑料、纤维增强水泥、纤维增强硅酸盐等板材作为墙面材料，用挂钩、插销或螺钉等固定在外墙龙骨上。龙骨可用金属型材制成，锚固在墙体外侧。

④ 零配件与辅助材料。在外墙外保温体系中，在接缝处、边角部还要使用一些零配件与辅助材料，如墙角、端头、角部使用的边角配件和螺栓、销钉等，以及密封胶如丁基橡胶、硅橡胶等，根据各个体系的不同做法选用。

3. 内保温复合墙体

内保温墙体是将保温材料复合在建筑物外墙的内侧，同时以石膏板、建筑人造板或其他饰面材料覆面作为保护层。

（1）外墙内保温的特点

① 施工方便而且不受气候影响。施工方便，室内连续作业面不大，多为干作业施工，较为安全方便，有利于提高施工效率、减轻劳动强度。同时，保温层的施工可不受室外气候（如雨季、冬季）的影响。但施工中应注意避免保温层材料受潮，同时要待外墙结构层达到正常干燥时再安装保温隔热层，还应保证结构层内侧吊挂件预留位置的准确和牢固。

② 设置空气层、隔汽层。设计中不仅要注意采取措施，如设置空气层、隔汽层，避免由于室内水蒸气向室外渗透，在墙体内产生结露时降低保温层的保温隔热性能，还要注意采取措施消除一些保温隔热层覆盖不到的部分产生冷桥而在室内产生结露现象。这些部位一般是内外墙交角、外窗过梁、窗台板、圈梁、构造柱等处。

③ 室温波动较大，供暖时升温快，不供暖时降温也快。内保温墙体的外侧结构层密度大、蓄热能力大，因此这种墙体室温波动较大，供暖时升温快，不供暖时降温也快。在冬季时，宜采取集中连续供暖方式以保证正常的室内热环境；在夏季时，由于绝热层在内侧，晚间墙内表面温度随空气温度的下降而迅速下降，减少闷热感。这对间歇供暖使用的房间如影剧院、体育馆和人工气候室比较合适。但农村住宅一般采用间歇供暖方式，所以采用此种方式对室内舒适的热环境不利。

④ 占用住宅使用面积，且不便于居民二次装修。内保温做法是把保温材料放置在墙体的内侧，有占用住宅的使用面积和不便于居民二次装修等缺点。尤其随着住宅商品房逐步实施以使用面积计价的政策，住宅建筑不宜采用墙体内保温的构造做法。

（2）外墙内保温构造体系

① 结构层。结构层为外围护结构的承重受力墙体部分，它可以是现浇或预制混凝土外墙、内浇外砌或砖混结构外墙以及其他外墙（如多孔砖外墙）等。

② 空气层。其主要作用是切断液态水分的毛细渗透，防止保温材料受潮。设置空气层还可以增加一定的热阻，而且造价比专门设置隔汽层要低。空气层的设置对内部孔隙连通、易吸水的保温材料是十分必要的。

③ 绝热材料层（保温层、隔热层）。这是节能墙体的主要功能部分，可采用高效绝热材料（聚苯乙烯泡沫塑料板、挤塑型聚苯乙烯泡沫塑料板、水泥珍珠岩板、岩棉板、矿棉等轻质高效保温材料），也可采用膨胀珍珠岩、加气混凝土块等。

④ 覆面保护层。其主要作用是防止保温层受到破坏，同时在一定程度上阻止室内水蒸气浸入保温层，可选用纸面石膏板等。

4. 夹芯保温复合墙体

夹芯保温做法是把保温材料放置在结构中间。它的优点是对保温材料的强度要求不高，但施工过程极易使保温材料受潮而降低保温效果，同时由于内部的墙体较薄，冬季室内蒸汽渗透在保温层及夹芯墙体的交接面上，在复合墙体内部产生结露，增加湿积累，从而降低保温效果。

从传热的角度看，采用外保温墙体从整体上是合理的；对包贴形式研究发现，外保温做法综合技术及经济效益更加优越。同时，外保温墙体的设计、施工等技术都有比较成熟的经验，有许多国内外的经验可以借鉴。

在砖混结构的住宅建筑中，一般设置阁梁、窗过梁，并在墙体拐角处、楼梯间四角、部分丁字墙和十字墙处设置构造柱的抗震做法。如果墙体采用外保温复合墙体的做法，可减少这些周边热桥的影响，降低建筑的耗热量。而且，对旧房的节能改造也迫在眉睫，采用外保温方式对旧房进行节能改造，其最大的优点就是无须临时搬迁，不影响居民的内部活动和正常生活。因此，住宅外墙优先选取外保温复合墙体的构造做法。

5. 围护结构墙体的热工性能

围护结构墙体增设保温层的厚度，可根据当地气候特点、墙体材料、节能要求等经计算来确定。

考虑施工方便，保温层自重不宜太大，墙体总厚度不能太大而使房间的使用面积减少，住宅建筑的外墙宜采用聚苯乙烯泡沫塑料板、挤塑型聚苯乙烯泡沫塑料板、水泥珍珠岩板、棉板、矿棉等轻质高效保温材料与当地承重材料组合的复合墙体。

（三）围护结构的屋顶设计

1. 平屋顶的保温隔热

平屋顶的保温隔热构造形式分为实体材料保温隔热、通风保温隔热屋面、植被屋面和蓄水屋面等。

平屋顶的实体保温层可放在结构层的外侧（外保温），也可放在结构层的内侧（内保温）。屋顶内外保温与墙体内外保温的优缺点类似，但屋顶受太阳辐射的影响较大，夏季室内气温易高于室外气温。尤其夏季，屋顶采用内、外保温做法，屋顶构造的各层次温度变化明显不同。内保温做法的屋顶，盛夏时，钢筋混凝土屋顶板的温度变化值在一天之内可高达30℃，而采用外保温做法，温度的变化值仅为4℃左右。

为了减少钢筋混凝土板产生热应力，减少“烘烤”现象，当采用平屋顶时，保温层要设在结构层的外侧。为防止室外潮气以及雨水对保温材料的影响，不宜选择倒铺屋面的做法，宜把防水层设计在保温层的外侧，再设保护层。为防止保温层内部出现冷凝，甚至冻胀，破坏防水层引起屋顶渗漏，导致保温材料保温性能下降，屋顶要设置排气装置。常规做法是在屋顶每隔3～5m设一根PVC排气管，排气管由保温层伸出屋面，管的周围要做好泛水处理。

2. 坡屋顶的保温隔热

（1）坡屋顶的作用

考虑坡屋顶排水顺畅，容易解决屋顶防水问题；尤其采用彩色压型钢板，提高了工业化程度，加快了施工速度；坡屋顶在造型上较美观；改善了顶层的热工条件，避免了夏天热辐射之苦等，城市住宅大量采用坡屋顶。至于大量农村住宅，同样采用坡屋顶的形式较多。坡屋顶住宅节能需要注意坡屋顶的保温与隔热及坡屋顶通风换气等问题。

（2）坡屋顶保温层的位置

目前，坡屋顶结构设计一般有以下几种做法：钢筋混凝土屋面板水平布置加彩色压型钢板形成斜坡，斜的钢筋混凝土屋面板外挂平瓦加吊顶，斜的钢筋混凝土屋面板外挂瓦加水平钢筋混凝土顶棚板。

从冬季屋顶传热耗热的角度考虑，同样厚度同种保温材料放置在屋顶和顶棚处相比，设在屋顶处的传热耗热量相对小些，影响不是太大。但两种做法对阁楼内的空气温度影响较大，当保温材料设在屋顶处，阁楼内空气温度接近室内温度；当设在顶棚处时，阁楼内的温度接近室外温度。当坡屋顶的顶部空间仅仅用于通风、保温和隔热时，对居民影响较小。但是对于坡屋顶空间利用的情况来说，因为阁楼内的温湿度影响着阁楼内的舒适度和阁楼的能耗，所以保温材料的位置问题就不可忽视。

当把保温层设在顶棚处时，冬季阁楼内温度太低，夏季阁楼内温度太高，一方面使阁楼内冬季结露的可能增大；另一方面当阁楼使用时，为保证阁楼内的舒适度要消耗大量能源，造成能源浪费，尤其对于彩色压型钢板的斜屋顶阁楼基本无法使用。因此，建议把保温层设置在屋顶处。但保温层的具体位置还与屋顶的具体构造做法有关。

保温层设在屋顶处有内保温和外保温两种做法。对于钢筋混凝土斜坡屋顶，当采用内保温做法时，混凝土两表面的温度变化很大，导致产生大的热应力而使混凝土发生龟裂。建议把保温层设在钢筋混凝土斜坡顶的上侧，即采用外保温的做法。对于压型钢板斜坡顶下设钢筋混凝土水平顶棚板做法，采用钢板下粘贴保温材料的做法不利于施工，建议采用夹芯保温钢板做斜坡顶或把保温层设在顶棚处。

（3）坡屋顶阁楼的换气

从冬季坡屋顶传热耗热角度考虑，阁楼不进行换气比进行换气的耗热量少。但阁楼不进行换气，水蒸气会充满阁楼，造成大量结露，影响保温材料的保温性能。住宅宜采用阁楼进行换气的构造做法。阁楼的换气可以在檐口和山墙处设置换气口或设老虎窗，但对于严寒和寒冷地区，特别对于风速较大的寒冷地区，为了减少换气耗热量，换气口的面积不宜太大，而且要防止雨雪的飘入。如果不设换气口，就要在屋顶的构造层次中增加一道隔汽层（干铺一层改性沥青油毡），阻止水蒸气渗入保温层，使保温材料的保温性能下降。

（四）围护结构的门窗设计

1. 窗户的热损失

窗户是除墙体之外，围护结构中热量损失的另一个大户。一般而言，窗户的传热系数远大于墙体的传热系数，所以尽管窗户在外围护结构表面中占的比例不如墙面大，但通过窗户的传热损失却有可能接近甚至超过墙体。因此，对窗户的节能必须给予足够的重视。

窗户的热损失主要包括通过窗户传热耗热和通过窗户的空气渗透耗热。窗户的节能应从改善窗户保温性能、减少窗户冷风渗透和控制窗墙面积比三方面着手来提高。

2. 窗户的保温性能

窗户的保温性能主要可以从窗用型材和玻璃的保温性能来考虑。

（1）窗用型材

目前，我国常用的窗用型材有木材、钢材、铝合金、塑料。其中，木材和塑料的保温隔热性能优于钢材和铝合金材料。但钢材和铝合金经断热处理后，热工性能明显改善，与PVC塑料复合，也可显著降低其导热系数。

（2）窗用玻璃

玻璃按其性能不同可分为平板玻璃、中空玻璃、镀膜玻璃和彩色玻璃（吸热玻璃）四类，另外，还有一些新型镀膜玻璃（如低辐射玻璃）。

玻璃的导热系数很大，薄薄的一层玻璃，其两表面的温差只有0.4℃，热量很容易流出或流入。而具有空气间层的双层玻璃窗，内外表面温度差接近于10℃，使玻璃窗的内表面温度升高，减少了人体遭受冷辐射的程度，所以采用双层玻璃窗，不仅可以减少供暖房间的热损失以达到节约能源的目的，而且可以提高人体的舒适感。另外，中空玻璃、低辐射玻璃的保温性能很好，国外已较普遍地使用。由于其技术性要求高，价格昂贵，目前国内已在一些大型建筑中使用。随着经济的发展和技术的进步，这些玻璃可逐渐推广使用。

（3）常用门窗的特性

① 隔音性能。资料表明，塑钢门窗的隔音性能大大优于铝合金门窗。比方说，铝合金门窗与交通干道距离需在50m以外，塑钢门窗则可缩短到16m以内。

② 隔热性能。PVC材料的热导率为0.16W/(m·K)，铝合金则为237W/(m·K)。也就是说，在同等条件下，就材质导热能力而言，铝材是PVC材料的1481倍。当然，如果将PVC制成门窗进行能耗比较，就很难一概而论。因为室内散失热量通常与屋面、地面、墙壁和门窗有关。但科研资料表明，作为普通住宅，同样开启空调，装塑钢门窗的房间比装铝合金门窗的房间每天节电超过5kW·h。

③ 耐腐蚀性。塑钢门窗能耐酸碱及其他化学物质的腐蚀，故不怕城市环境污染、盐酸和酸雨等的侵蚀。而铝合金则不然，遇腐蚀后容易导致表面氧化，缩短使用寿命。

④ 门窗的安装性能及使用寿命。塑钢门窗自重大大低于铝合金门窗，更由于是整体成型，安装速度很快，从而使得整个工效大为提高。使用寿命方面，塑钢门窗的正常使用寿命为30～50年，低于铝合金门窗。

⑤ 产品款式及工艺性能。根据设计要求，塑钢门窗表面可着色、覆膜、多色共挤；铝合金门窗表面可喷涂、电泳，色泽也可做到多样化。

⑥ 产品使用途径及价格。用于工业与民用，塑钢门窗普通价格在200～500元/m^2，双层价格在500元/m^2以上，高档价格可达到1500～2000元/m^2；普通铝合金门窗价格在200元/m^2左右，高档产品价格在500元/m^2左右。由于地域不同，价格也会有所差异。

3. 窗户的气密性

建筑物通过窗户的冷风渗透损失大量的热量，约占总换热量的20%以上，窗户的气密性好坏对节能有很大的影响。窗户的气密性差时，通过窗户的缝隙渗透入室内的冷空气量加大，采暖耗热量随之增加。提高门窗的气密性对建筑物的节能非常有利，换气次数由0.81次/h降到0.51次/h，耗热量指标降低10%左右。因此，改善窗的气密性是十分必要的。当然，窗户的气密性首先要保证室内人员生理、卫生的需要。

窗户的气密性可用单位时间、单位长度窗缝隙所渗透的空气体积表示。《建筑外门窗气密、水密、抗风压性能分级及检测方法》(GB 7106—2008) 中，把窗户按空气渗透性能进行了分级。

加强窗户的气密性，要从以下几个方面着手：①合理选用窗户所用型材，提高窗户所用型材的规格尺寸、准确度、尺寸稳定性和组装的精确度，减少开启缝的宽度，达到减少空气渗透的目的；②采用密封条、密封胶或其他密封材料、挡风设施，提高外窗的气密水平，减少渗透能耗；③合理设计窗户的形式，减少窗缝的总长度。④可采用节能换气装置，把欲排到室外的热空气与进入室内的新鲜空气进行不接触换热，提高进气温度，减少换气能耗（50%左右）。

在钢窗中，只有制作和安装质量良好的标准型气密窗、国标气密条密封窗以及类似的带气密条的窗户，才能达到规定要求，但这几类窗户价格昂贵，技术水平要求高。

4. 窗墙面积比的设计

窗户的主要目的是采光、通风、眺望、丰富建筑立面等。窗户数量过少或尺寸过小，会使人们产生禁闭和不快感，同时，室内显得昏暗，甚至白天也需要照明，这样反而会增加能耗。另外，外窗面积、形状的设计影响着建筑立面效果。总之，窗户面积大小的设计，不能单纯只求绝热，必须全面综合地加以考虑。

关于窗墙面积比确定的基本原则，是依据这一地区不同朝向墙面冬、夏日照情况（日照时间长短、太阳总辐射强度、阳光入射角大小），冬、夏室内外空气温度、室内采光设计标准以及开窗面积与建筑能耗所占比率等因素综合考虑确定的。

不管哪个方向的住宅窗户要优先选用单框双玻窗和双层窗，尤其在北向不宜选用单层窗。一般普通窗户（包括阳台门的透明部分）的保温隔热性能比外墙差得多，冬季通过窗户的耗热比外墙大得多，增大窗墙面积比对节能不利。从节能角度出发，必须限制窗墙面积比，尤其对于北向窗，寒冷地区村镇住宅北向不开或开小的换气窗。

一般南向窗的透明玻璃窗在冬季是有利的，尤其是采用双层窗，与其热损失相比，太阳辐射所起的辅助作用更大些。利用双层玻璃窗或双层窗，对太阳能的摄取超过了它本身的热损失，这样南向窗本身就变成太阳能利用的部位。同时，随着人们物质文化水平的提高，对住宅的舒适性要求也在不断地提高，住户越来越偏爱大面积的窗户。农村住宅南向窗面积增大，冬季获得大量的太阳能，有利于减少住宅建筑的能耗；夏季晚上室外气温下降，打开窗使热量尽快散出。

在住宅北向设窗，是为了利用天空的散射光来进行采光，而且在夏季，北窗有利于与其他门窗组织穿堂风进行通风。对于东、西向窗，尤其是西向窗，要注意设置遮阳设施，避免西晒。

（五）围护结构的其他部位及朝向设计

1. 楼梯间隔墙、首层地面、阳台门、户门

从传热耗热量的构成来看，外墙所占比例最大，占总耗热量的1/3；其次是窗户，传热耗热约占总能耗的1/4、空气渗透约20%；接着是屋顶和楼梯间隔墙（在有不采暖楼梯间情况下）。地面、户门和阳台门下部所占比例较小，但这些部位的保温是不可忽视的，否则，建筑物的热舒适性能、建筑物的节能效益以及经济效益都受到影响。由对围护结构进行能耗分析和外保温节能量计算的结果可知，随着外墙保温层厚度的不断增加，节能效果的增加不再显著；当达到一定厚度以后，节能效果将趋于不变。

根据《严寒和寒冷地区居住建筑节能设计标准》（JGJ 26—2010），建筑物的耗热量不仅与其围护结构的外墙、屋顶和门窗的构造做法有关，而且与其楼梯间隔墙、首层地面等部位的构造做法有关。而且，当围护结构各部位的热导率（K）值相差较大时，使它们表面之间的温差加大，而且K值小的表面温度更低，增强了对流和辐射换热，从而导致其传热损失更大。因此，我们不仅对围护结构的主体外墙、窗户和屋面进行保温设计，而且必须对建筑物其他部位的构造做法对建筑节能的影响引起足够的重视。

同样，户门、阳台门和首层地面的保温性能必须给予重视，保证住宅围护结构整体的保温性能，提高人体的热舒适性。户门、阳台门要增加其保温隔热性能，加强门的气密性。

2. 建筑的朝向

建筑物的朝向对于建筑节能亦有很大的影响。同是长方形建筑物，南向太阳辐射量最大，当其为南北向时，耗热量较少。而且，在面积相同的情况下，主朝向面积越大，这种倾向越明显。

因此，从节能角度出发，如果总平面布置允许自由考虑建筑物的朝向和形状，则应首先选择长方形体型，采用南北朝向。由于地形、地势、规划等因素的影响，朝向不能成为南北向；在居住小区总体规划中，要考虑当地主导风向组织小区的自然通风，减少建筑物的风影区，或组织单体建筑的自然通风时，要尽量使建筑物朝向南偏西或南偏东，不超过 45°。

四、建筑体型节能设计

（一）体型系数

建筑物的耗热量主要与以下几个因素有关：体型系数、围护结构的传热系数、窗墙面积比、楼梯间开敞与否、换气次数、朝向、建筑物入口处是否设置门斗或采取其他避风措施。建筑体型的设计对建筑的节能有很大的影响。

体型系数是指建筑物围合室内所需与大气接触外包表面积（F_0）与其体积（V_0）的比值，即围合单位室内体积所需的外包面积，用 $S=F_0/V_0$ 表示。由于建筑物内部的热量是通过围护结构散发出去的，所以传热量就与外表面传热面积相关。体型系数越小，表示单位体积的外包表面积越小，即散失热量的途径越少，越具有节能意义。

（二）体型系数对节能节地的影响

我国《严寒和寒冷地区居住建筑节能设计标准》（JGJ 26—2010）对寒冷和严寒地区以体型系数 0.3 为界，对集中供暖居住建筑的围护结构的传热系数给予限定，通过限制围护结构的传热系数来弥补由于体型系数过大而造成的能源浪费，但对农村住宅没有给出明确的规定。大量研究证明，在其他条件相同的情况下，建筑物的采暖耗热量随体型系数的增大而呈正比例升高。根据节能标准规定，当体型系数达到 0.32 时，耗热量指标将上升 5%左右；当体型系数达到 0.34 时，耗热量指标将上升 10%左右；当体型系数上升到 0.36 时，耗热量指标将上升 20%左右。如果体型系数进一步增大，则耗热量指标将增加得更快。农村的平房住宅体型系数偏大，对节能节地极其不利。所以，在设计村镇住宅时，要逐步改变延续传统的住宅规划及住宅设计思想，应对这些住宅进行整体规划，合理控制建筑的体型系数，达到节约能源、节约土地、保护环境的目的。

住宅仅从体型设计方面就具有很大的节能、节地、节材潜力，具有良好的经济效益、社会效益和环境效益。在其他条件相同的情况下，建筑的能耗与建筑的体型系数有着直接的关系。为了分析不同体型系数的节能性，对两种体型系数的设计方案进行比较后得出，由于体型系数的减小，住宅散失热量的外表面积明显减少，能耗大幅度降低，在其他条件相同的情况下，能耗降低达 36%。这样，每年势必会节约大量的燃煤，降低冬季采暖费用。同时，由于减少供暖燃煤，可相应减少由于燃煤释放的大量CO_2、SO_2等气体，减少对大气的污染，减少酸雨的形成，具有良好的环境效益。

另外，从耗材方面考虑，减小体型系数可以节约大量的建筑材料。以外墙370mm厚黏土空心砖，20mm厚内外抹灰；内墙240mm厚黏土空心砖，20mm厚内外抹灰为例，按照所设计方案的户型考虑，每四户住宅可节约两户约189m^2的屋顶材料、约4.9m^3的墙体材料和约0.52m^3内外抹灰。同时，如果按建筑全寿命周期考虑，节约材料的同时减少了生产建筑材料所需的能耗，具有良好的经济效益。

因此，住宅建筑在平面布局上外形不宜凹凸太多，尽可能力求完整，以减少因凹凸太多形成外墙面积大而提高体型系数。组合上最好是两个以上单元组合。

为了保证日照的要求，保证交通、防火、施工等的要求，每栋建筑之间需要有足够的间距。单从日照考虑，把一幢五层住宅和五幢单层的平房相比，在日照间距相同的条件下，用地面积要增加2倍左右，道路和室外管线设施也都相应增加。在村镇规划时，由于每户附带一庭院，对于二层住宅很容易满足日照间距的要求，每栋住宅之间的距离保证交通、防火、施工等要求即可。珍惜和合理利用每寸土地，是我国的一项基本国策。可见，农村发展多层住宅（与平房相比体型系数减小）对节约用地是非常有利的。

（三）体型对日辐射得热的影响

仅从冬季得热最多的角度考虑，应使南向墙面吸收的辐射热量尽可能地最大，且尽可能地大于其向外散失的热量，以将这部分热量用于补偿建筑的净负荷。

将同体积的立方体建筑模型按不同的方式排列成为各种体型和朝向，从日辐射得热多少角度可以得出建筑体型对节能的影响。

（四）体型对风的影响

风吹向建筑物，风的方向和速度均会发生相应的改变，形成特有的风环境。单体建筑的三维尺寸对其周围的风环境影响很大。从节能的角度考虑，应创造有利的建筑形态，减少风流，降低风压，减少能耗损失。建筑物越长、越高、进深越小，其背面产生的涡流区越大，流场越紊乱，对减少风速、风压越有利。

从避免冬季季风对建筑物侵入来考虑，应减少风向与建筑物长边的入射角度。

建筑平面布局、风向与建筑物的相对位置不同，其周围的风环境有所不同。风在条形建筑背面边缘形成涡流。U形建筑形成半封闭的院落空间对防寒风十分有利。全封闭建筑当有开口时，其开口不宜朝向冬季主导风向和冬季最不利风向，而且开口不宜过大。

不同的平面形体在不同的日期内，建筑阴影位置和面积也不同，节能建筑应选择相互日照遮挡少的建筑形体，以利减少因日照遮挡影响太阳辐射得热。

总之，体型系数不只影响建筑物外围护结构的传热损失，还与建筑造型、平面布局、采光通风等紧密相关。体型系数太小，将制约建筑师的创造性，使建筑造型呆板，平面布局困难，甚至损害建筑功能。因此，在进行住宅的平面和空间设计时，应全面考虑，综合平衡，兼顾不同类型的建筑造型，在保证良好的围护结构保温性能、良好的朝向、合适的窗墙面积比、合理利用可再生能源等情况下，使体型不要太复杂，凹凸面不要太多。

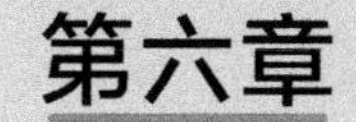

第六章

多元视角下乡村环境公共空间设计

第一节　生态美学视角下的乡村公共环境设计

一、乡村公共环境发展

中国自古以来有崇尚自然的传统，不论是儒家的"上下与天地同流"，还是道家的"天地与我并生，而万物与我为一"，都把人与自然、天地万物紧密地联系在一起，共同规划发展。"天人合一"的思想十分有利于促进建筑、公共设施与自然的相互协调与融合，使建设开放工程和自然生态环境融为一体。

古代的工程建设非常注重与自然的关系，主要体现在四个方面。第一，注重善择基址。无论城镇、村落、宅第、祠宇都通过"卜宅""相地"来对地形、地貌、植被、水文、小气候、环境容量等方面进行勘察，究其利弊后再做出抉择，如春秋吴王阖闾派伍子胥"相土尝水"择址。第二，注重因地制宜。即提倡因地制宜，节省人力物力，保存自然天趣。如唐代柳宗元就提出了"逸其人、因其地、全其天"的主张。第三，注重环境整治。即对环境的不足之处进行补充与调整，以保障居住者的生活质量，让百姓安居乐业。第四，注重人文心理补偿。采用文化的手段进行补偿，每处景都冠有诗情画意的名称，并用匾联、题刻和诗文加以颂扬，以增强本乡本土的吸引力和凝聚力。在魏晋南北朝时，更是形成了山水审美意识，人们对山水自然的认知已从物质层面的享受提升到了纯粹的精神领略，如陶渊明的田园诗和《桃花源记》，谢灵运的山水诗和《山居赋》。明清时期江南地区的一些官僚、富商一旦衣锦还乡更是重视乡里建设，热衷于家乡的住宅、祠堂、道路、桥梁等公共环境设施的建设，如徽州的唐模、棠樾、许村等，人工构筑与自然地形结合得非常巧妙，形成了一种田园风光之美，为世人称赞，更为现代乡村建设提供了宝贵的参考价值和设计依据。

近几年来，我国十分重视乡村建设，农村经济开始转型，美丽乡村建设开始在全国兴起。目前有不少学者和设计规划者开始重视乡村的建设发展，探寻乡镇产业特色，挖掘乡镇建设的优势条件，突出自然和人文以及农耕产业文化优势，开始关注传统村落的保护，注重乡村人文生态环境、自然生态环境以及乡村美学环境的协调统一，例如乌镇、周庄、宏村、西递、凤凰、云水谣等地区注重传统乡村文化的传承和古建筑形态的保护；江西婺源、湘两古丈、德夯、靖江等地注重当地自然农耕景观、建筑特色、人文环境特色的塑造和传承保护。以上几个建设成熟的村落和地区在国内形成了典范，促进了该地旅游业的发展，吸引了大量的投资商，促进了该区的经济发展，提升了居民的生活环境和生活品质，同时也传承了当地的农耕以及人文特色，形成了地域品牌效果，对村落的建筑设施保护也达到了十分有效的效果。尽管如此，由于旅游热度的暴涨、民众审美意识和生态意识的缺乏、政府监管部门的不完善，不少改建工程缺乏专家指导，单一地照搬照抄，致使不少自然、人文环境优美的村落遭到了致命的损害，农村公共环境的设计与建设问题迫在眉睫。

二、目前乡村公共环境设计存在的问题

（一）照搬照抄城市建设，不吻合乡村现实发展

目前我国乡村公共环境的规划和建设有很多参照的是城市的建设样式，如大广场、大亭子、大牌坊（见图 6-1）、大公园、大草皮、修剪工整的绿植等，人工的痕迹十分明显，千篇一律，完全丧失了乡村的自然风貌特色，也不利于农耕的展开，造成农村土地资源的浪费。大面积的硬地铺装，不利于雨水的渗透，施工不当易造成积水；统一的草皮和修剪工整的绿植，不能很好地体现乡村的农耕经济文化。乡村公共环境建设如何展现乡村的特色文化，吻合乡村的特色发展，值得广大设计师、规划师、建设者、投资者深思。

图 6-1　大牌坊

（二）“大一统建设”严重破坏乡村风貌和自然生态

近些年，有很多地区在进行美丽乡村推进建设时盲目地实行“大一统”的建设模式：推山、削坡、填塘、改路。在乡村规划上，虽然做到了横平竖直，工整规范，但严重破坏了原来乡村的地形地貌、自然生态以及农村的演变历史痕迹。因此，在推进美丽乡村建设过程中，要注重保留村庄原始风貌，保持原有道路、排水沟渠线型，不大面积平整场地，尽可能在原有村庄形态上整治环境。要保护好村落周边的山、水、田、林、园、塘等自然资源，努力做到不推山、不削坡、不填塘、不砍树、不改路，保持原有的乡村风貌和自然生态。

（三）本末倒置，致使维护费用高

在进行乡村公共设施建设时，有不少地绿化布置是仿照城市绿化模式，种植草皮、观赏灌木等。观赏性的草皮、绿植的成本和打理费用都很高，不仅没有产生经济效益，反而成为

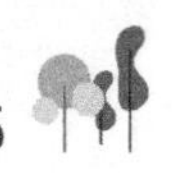

乡村经济的发展负担。这些皆是不可取的。乡村经济发展有很大一部分靠的是农业的发展，农作物、农产品是乡村经济发展的特色之一，不进行农作物的培植栽种，有违乡村经济的发展。再者，农村的很多经济作物也有很高的观赏价值，四季轮耕，能构成四季不同的景色和风味。

（四）缺少文娱健身活动空间

一些乡村在进行公共设施建设时，着重“面子”工程建设，但是实际文娱健身活动空间比较有限，尤其是户外休闲文娱活动空间，其中儿童游乐嬉戏空间和场所设置更少。目前，乡村社会经济发展变迁很快，尤其是在外务工的人员越来越多，很多乡村留守的是儿童和老人，在公共环境建设时，我们也要充分考虑这一点，为留守儿童和老人塑造一个舒服的休闲娱乐健身空间，满足他们的精神需求。

三、乡村公共环境设计原则

（一）尊重生态自然

自然发展本就鬼斧神工，千姿百态，各具特点。我们在进行乡村公共设施建设改造时，应该充分认识到这一点，尊重自然的发展规律，尽可能保持乡村的生态自然，保护当地的植被、地形地貌，在原有基础上修筑巩固，稍作整改修饰即可。

（二）尊重当地农耕文化的发展

一个地域的文化发展需要历经几代人的辛勤劳作和智慧，尊重当地农耕文化的发展规律，突出当地的农业经济特色。在整改公共环境设施时，将文化特色引入设计当中，形成当地的乡村名片。

（三）贴切实际，以人为本

设计的极终目标是为人类服务。我们在进行设计时应顺应乡村经济的发展的规律和村民的需求，以当地居住的村民为根本，建造适宜于他们使用的公共环境设施，满足他们的出行和生活需要，以提高他们的生活品质为建造宗旨。

四、乡村公共环境设计保障

（一）意识保障

美丽乡村的整体建设，需要良好的民众意识。通过民众意识引导教育，可以形成良好的生态保护以及审美意识，正确引导民众自发的改造建设行为，以及健康的思想观念，保护乡村的生态自然环境，美化改造乡村的公共环境。同时，提升政府部门人员的生态美学意识也是重点。领导者具有良好的建设意识，才能提出合理的乡村规划意识和生态、人文环境保护措施。

（二）政策保障

美丽乡村的整体建设，需要严格的政策保障。各地建设者和乡民思想政治素质和精神境界参差不齐，需要国家和政府制定长远的规划政策，形成书面指导文件，规范建设项目实践。只有给予政策上的限定和保障，才能规范不同地区的乡村建设行为，尊重当地的自然生态和人文文化，使美丽乡村公共环境建设改造顺利执行。

第二节　旅游视角下的乡村公共空间环境设计

一、相关概念

乡村旅游是指，“以农村社区为活动场所，以乡村田园自然景观、农林生产经营活动、乡村生态环境和社会文化风俗为吸引物，以都市居民为目标市场，以领略农村乡野风光、体验农事生产劳作、了解风土民俗和回归自然为旅游目的的一种旅游方式”。乡村旅游的产生最初起源于 19 世纪中叶的欧洲，工业社会给城市居民带来了生活的压力和环境的污染，人们开始意识到乡村休闲旅游的价值。国内乡村旅游概念起步于 20 世纪 80 年代，兴起原因是城市化快速进程使城乡经济差距迅速拉大，市场竞争的格局和国家城乡一体化发展政策使得传统农村产业面临转型。从“十二五”期间逐步兴起的“美丽乡村建设”热潮，到 2015 年中共中央一号文件中提出的“研究制定出促进乡村旅游休闲发展的用地、财政、金融等扶持政策，落实税收优惠政策”，国内的乡村旅游建设被逐渐重视，并向前稳步发展。

乡村公共空间泛指“村民能够自由进出，对所有人开放，并开展各种公共活动的空间载体，包括室内与室外公共场所，如打谷场、街巷、古井、洗衣码头、祠堂等”。在过去的传统乡村，由于处于封闭、单一且同质的世界，农民的生活受到外界干扰较少，乡村是亲密的社群聚落。乡村的公共空间在过去是村民日常生活交往、举办仪式活动、获取外界信息的一个重要场所，是农民的社交中心，也是乡村空间最为核心的部分。随着乡村旅游经济的发展，乡村公共空间也成为展现本土文化、游客与村民交往互动、提高基础设施建设的重要更新与改造方面。公共空间系统形成乡村的骨架空间，对乡村的社会凝聚力与向心性产生很大影响。

二、传统自然村落的公共空间演变

（一）传统村落空间结构形态

传统自然村落呈现与其社会功能相适应的形态结构，血缘与地缘关系促进传统村落不断地演变与发展。血缘关系形成的村落的特点是聚族而居；由于小农经济自给自足的社会体制，使得村落具有高度的封闭性，在乡村形成独立的社会单元体中，最直接的社会关系是建立在血脉亲情之上的家族，这是农耕时代最普遍的现象。地缘关系形成的传统村落是以地域上的靠近成为关系基础，其中既包括血缘关系，又包括漂流到外地的人在新的村落中定居。以前由于战争、逃荒，亲人离散或外迁，又或经商做买卖，人们迁移到其他村落落根生活，他们与村落是纯粹的地缘关系。

不同的社会结构产生不同村落形态：宗族观念较强，村落结构呈现出“差序格局”；地缘建立的人情关系使社会结构形成“散射格局”。中国农村类型虽复杂多样，但绝大部分的形态结构都依据血缘与地缘的关系逐步形成，其中乡村社会的生活活动和乡土建筑的物质形态都围绕这一社会关系逐渐演变而成。

（二）血缘村落公共空间构成

村落空间呈现与社会功能相适应的结构形态，因此血缘村落中祠堂在空间组构中的位置微妙地体现宗族社会的血缘秩序和社会关系。如安徽西递、松阳平田村、佛山松塘村，村落以宗祠为中心发展，宗祠裂解的房支在周边以血缘亲疏来划分空间领域，并以支祠为中心形成相对独立的居住团块。大户人家中还设置家祠。祠堂及周边空地是全村人文化生活、社会活动、政治活动的重要公共活动场所，平日充满生活气息，年时节下，演戏多在祠堂里。祠堂也是村子建筑艺术的重点，门廊、门头、戏台、桅杆都精雕细刻，喜气洋洋。宗祠的规模是宗族的“脸面”，以炫耀宗族的繁庶和成功，激励子孙们努力向上。除了祠堂这一重要的公共空间，居民日常活动场所还包括私塾、街巷、村口牌坊、田间地头以及水井凉亭处。

（三）杂姓村落公共空间构成

然而宗祠之设，南方与北方大有不同，北方历代多战乱，亲人离散或外迁，宗族组织不如南方普及、发达和健全，而且宗族性血缘村落很少，多的是杂姓共居的村落，如浙江德清劳岭村、燎原村、安徽宏村。因地域结缘而形成的杂姓村大多围绕水系或农田、交通通达便利，这种对农业、生活较为重要的部分是村落形态发展的核心。费孝通认为，“血缘是身份社会的基础，而地缘却是契约社会的基础，地缘是从商业里发展出来的社会关系”。因此，杂姓村的宗族观念不如血缘村深刻重要，日常生产活动以农耕劳作活动与商业贸易活动为主，民俗活动多围绕庙宇进行。日常活动场所多集中在田间地头、街巷商铺、凉亭、作坊等地方。

（四）乡村公共空间近代演变过程

从过去到现代，不管是血缘或地缘村落，乡村公共空间一直作为乡村空间最为核心的部分，是农民的社交中心，村民日常生产生活的重要场所。它涉及农民日常的经济、政治、文化和生活的诸多方面。我国近代的社会格局的巨大变化，不仅影响着乡村社会结构的变化，也影响着其公共空间的功能与形态转变。这一段时间里，乡村公共空间从独立、封闭的传统自然村落，经历了计划经济时期的“异化”、改革开放时期的“复兴”、城市化背景下的“迷失与衰亡”几个阶段。各个阶段的演变特征如下。

传统时期的主要活动是农耕劳作、洗衣打水、祭祀活动、乘凉休息等。公共活动场所在田间地头、水井、洗衣码头、祠堂、戏台、村口、街巷商铺、凉亭等。有生产、供水、娱乐、遮阴、交易、祭祀活动等功能。功能特征总结起来就是传统活动，种类丰富。形成的原因在于自给自足的小农经济生产，满足使用、生活的功能需要。形态上的表现是具有地域性的传统空间形式。

计划经济时期的主要活动是集体生产、革命表演、露天电影。公共活动场所主要在生产劳动场所、供销合作社、集会广场、集体餐厅、合作商店。集体的生产生活使农村活动单一，农民生活活动与政治紧密相连，高度活跃。形成的原因是人民公社运动、大集体化等行政力量，使公共空间均质化，传统活动与建筑被称为“四旧”被消灭。形态上的表现是集体生产与政治活动空间增加。

改革开放时期的主要活动是恢复民间传统习俗、集市贸易活动。公共活动场所主要是修复的传统建筑、乡村商店、路口驿站。这个阶段乡村居民的集体活动意识下降，传统民俗活动恢复，集市贸易活动增加。形成的原因是改革开放后，国家力量逐渐撤离，村民自发性活动增多，市场经济逐步渗透，而政治集体活动空间逐渐被抛弃。形态上主要表现在传统空间形态开始萧条与衰落。

城市化建设时期的主要活动是集体公共活动极少。公共活动场所在健身广场、停车场、街道、绿地。新农村建设趋向城市，公共空间主要满足行政、聚集、交易、形象工程等。形成的原因是日常活动可在家里进行，亲和的邻里关系逐渐消失。新公共空间建设形态复制城市，与村民需求功能脱节。形态上表现在标准化建设，落后的城市化形制。

当下传统村落公共空间构成特征经历了漫长的历史演变。虽然不同时期因政治及社会因素导致公共空间特征有所偏向，但我国村落分布广、数量多且类型复杂多样，目前传统村落保留下来的公共空间形态总体特征融合了多个时期的空间特点。总体来说，由于传统村落的社会结构相对单一，人群数量少，空间功能只需满足自给自足的生产生活需求，因此表现的公共空间特征也较为简单。根据空间功能类型划分，传统村落公共空间主要包括：生产劳作的田间地头，村口、牌坊区、祠堂、庙宇、戏台等民俗活动场所，水井台、村内河渠等过去的生活用水区，街巷、路口、大树下、路边店铺等生活活动场所。

三、旅游开发建设后的乡村公共空间构成

（一）乡村旅游公共空间特征

与传统村落公共空间不同，乡村旅游公共空间更注重空间构成元素多样化和具有感染力的场所精神。乡村旅游经济的发展依赖于旅游者的消费，从旅游者的动机来看，乡下童年的记忆、悠然自得的世外桃源、中国山水画意境的追寻、农务劳作与文化的感知体验是游客来到乡村的主要诱因。因此，乡村公共空间中体现的乡土文化精神和空间环境成为乡村旅游活动的主要载体。在乡村旅游发展初期，乡村旅游景区除了新建设的旅游设施公共空间外，还保留传统村落原有的大部分空间及设施，如街巷凉亭、农田河渠，以及大树、水井台等空地。

（二）乡村旅游公共空间构成

无论是新建的、更新的旅游公共空间，还是未开发的旧公共空间，在旅游开发后其空间使用群体包含了原住民与游客两类，因此都要作为研究的考虑对象。根据乡村生产、文化的特点，以及旅游消费、游览的特点等其他因素，可将旅游建设下乡村公共空间大体分为五个主要内容：农业景观设计、道路规划与界面设计、景观节点设计、艺术景观小品、公共服务设施等。

1. 农业景观

农田与自然风光是乡村景观最吸引城市居民的旅游景点，更是我国乡村最重要的第一经

济产业。乡村旅游农业景观设计与传统村落农业不同，其在满足农作物种植和养殖业生产的基础上，增加了更多以外地人参与体验为主的娱乐活动，以便体验农务活动时更具趣味性和简便性。许多有机农场还配搭有机餐厅、购物商店以及手工活动体验区（牛奶手工皂、竹艺编制等）。与传统农业区相同的是，田园牧场仍然是人群活动聚集的重要公共场所，此类型公共空间以面状形态为主，其景观设计形成整个村落的景观背景；也包含景观节点、公共设施、景观小品（见图 6-2）等内容。

图 6-2　景观小品

2. 道路规划与界面

街巷是乡村旅游活动、村民日常生活与交通重要的公共空间。道路规划包括道路分级（主次道路、机动车与非机动车道路、绿道路线等），道路功能设计［旅游路线、商业街、生活街巷、乡间小路（见图 6-3）等不同类型］，停车场设计（大巴停车场、私家停车场等），街巷景观设计，道路围合建筑立面设计（街巷风貌、建筑装饰）等。街巷空间属于线状空间，衔接不同的节点空间，道路空间功能与表现形式因此更加多元化。乡村道路分级、街巷空间界面设计将影响到乡村旅游的发展和村落整体活化。

图 6-3　乡间小路

3. 景观节点

传统村落中遗留下来许多生活场所，如村口、大树下乘凉的休息区、街巷转角处的空地、水井台、祠堂广场等。这些空间区域在景观设计中被称为空间节点，以点状形式串联在交通干路上。乡村景观节点设计包括游憩景点设计、历史建筑公共空间设计、街巷节点设计、广场（见图 6-4）设计，是游客观赏、娱乐、休息的公共空间场所，并且通常配置相应的公共设施（如休息座椅、健身器材、游览导向设施等）和公共艺术作品［雕塑、文化景观小品（图 6-5）等］。景观节点设计是游客了解乡村文化、休闲游玩的重要内容；也是居民日常生活的重要公共场所。

图 6-4　廉政广场

图 6-5　乡村景观小品设施

4. 艺术景观小品

乡村的发展离不开文化，如果割断了传统文化，就等于割断了血脉，空间的延续也会迷失方向，丧失根本。在乡土聚落中，生活于其中的人群，已经世世代代在同一片土地、房子、空间中留下了共同的记忆，也创造了属于其家族聚落的文化，这是对这一地方产生的认同感和归属感。只有在乡村改造中保留并延续这样的空间文化和场所精神，旅游建设下的公共空间改造才能做到“适应”乡村的发展。

在乡村公共空间中，通常会设计一些小型、具有乡土特色的构筑物，如亭子（见图 6-6）、廊架；也会设置一些具有当地特色的公共艺术作品，如雕塑作品、绘画墙、与雕塑结合的座椅和标识导向设施等。艺术景观小品的介入主要为提高当地乡土文化氛围，便于游客体验当地文化特色，通过现代艺术设计，激发地域文化活力。景观小品同时具备一些使用功能，包括遮阴、休憩、拍照等。

图 6-6 亭子

5. 公共服务设施

公共服务设施是体现空间品质的重要标准之一。由于公共空间使用对象除了当地村民以外，还包括不断流动的旅游者，因此公共服务设施涉及的范围广且数量多。包括休闲座椅（见图 6-7）、垃圾桶（见图 6-8）、照明灯、公共卫生间（见图 6-9）、标识系统等。这些公共服务设施要求明显、实用、便捷，且有组织、有规划地分布在不同的景观节点与游览道路上。

图 6-7 休闲座椅

（三）传统与旅游开发的乡村公共空间构成对比

以上对我国传统村落和旅游开发后公共空间构成进行分析后，下面将其空间类型、功能活动、人群组成、特征表现进行对比。虽然我国传统村落的发展阶段较长，并于近代时期产生不同程度的改变，但发展至今，传统自然村落数量庞杂，其公共空间构成仍同时保留历史上不同阶段的空间特征。因此，以下将并于一类，统一讨论。

图 6-8 垃圾桶

图 6-9 公共卫生间

传统与旅游开发的乡村公共空间构成对比如下。

1. 传统自然村落

公共空间场所主要有满足生产劳动的田间地头，方便乘凉、休息、娱乐的街巷、转角和大树下、满足交易活动的路边店铺，用于集会、出入活动的村口、牌坊区，用于民俗文化活动、集会活动的祠堂、戏台、广场和日常用水、洗衣、晾晒的水井台或村内河渠。农村生活设施有满足农业生产加工需求和日常生活需求的晾晒设施。人群有原住民和外地迁入居民。空间功能主要满足自给自足的生产生活需求。空间结构简单，单一。

2. 旅游开发建设后

公共空间场所有用于农业生产、农务体验、农事娱乐、游览的有机农场、牧场，用于休闲娱乐的街巷、节点，满足购物、体验的民俗商业街，满足售票、停车、聚集的村口、售票区和停车场，用来参观、游览、购物、娱乐、体验等旅游活动的历史建筑公共空间（祠堂、庙宇、旧宅等）以及用于休闲娱乐游憩的景点（广场、凉亭和休闲景观）。结合乡土文化创作的景观艺术小品，满足导视、照明、休息等旅游活动需求的公共服务设施。人群有本地生活居民、外地工作人员和游客。空间功能主要满足旅游活动的需求，村民日常活动也得到基本满足。空间结构多元化、复杂。功能设施要求完整系统。

（四）乡村旅游发展过程中产生的问题与矛盾

旅游业的发展为村落公共空间的更新和重生提供了许多可能性，并带来了乡村发展的新契机，但乡村旅游建设后的公共空间构成形态与传统村落相比相差较大。目前国内许多乡村旅游建设出现了较多严重问题。从中国传统村落保护与发展研究中心的调查中得知，近年许多开发商为提高利润，以保护村落为由，在乡村旅游开发过程中大肆破坏村落古貌。承载了数百年，甚至几千年的许多传统自然村落，其文化遗产纷纷销声匿迹。我国乡村建设还处于起步阶段，相关法制规范不够完善。针对研究公共空间的三个组成部分，目前乡村旅游建设在空间形态、文化精神和公共生活中暴露出来的问题与矛盾如下。

1. 旅游建设脱离原物质空间形态

在许多村落开展旅游业建设以来，无论是开发商、当地政府，还是本地居民，为追求经济效益和突出成果，忽略了对原村落空间形态的研究，使其开发手段逐渐破坏了村落宝贵的物质文化遗产。空间形态上广泛出现的问题有：设计相互抄袭；不考虑活动需求，随意复制城市空间设计内容，导致空间利用率低下；为满足客流量需求，大幅度拆建新房，致使空间尺度过大，改变了传统建筑形态与空间关系。村落肌理、空间尺度、自然环境、建筑文化都接连遭到破坏，不仅使村落文化发展出现断层，也不利于乡村旅游业的长久发展。

2. 空间表现中乡土文化精神遗失

受现代工业化生产和全球化经济趋势的冲击，产品标准化、消费市场化的商业模式从城市渗透到乡村。虽然部分传统村落还保存过去的一些文化习俗，但由于其封闭的地理条件，使得当地民智未开。而随着新农村建设和乡村旅游开发，乡村与城市的关系变得更加紧密。旅游建设后的乡村公共空间构成以旅游活动需求为重点，乡村生活方式与空间要素要符合旅游开发的要求和现代化生活的需求。在开发初期，想短时间达到经济效益，却忽视对乡村文化和空间形态的研究。传统乡土文化不断流失，乡村彻底变成大众消费的商业点，这不利于乡村的长期发展和对乡土文化的保护。

3. 游客与居民公共生活的行为冲突

乡村旅游的开发使得附近的城市居民可体验到轻松愉快的休闲度假生活，但在这种理想状态下，却产生了一些很现实的矛盾问题。从农村生活设施和乡村旅游设施的对比可以看出，农村的日常活动是生产生活的必然行为，而游客旅游行为是自发、娱乐性行为。在乡村公共空间中，因旅游介入使空间人群类型复杂，也导致其空间行为活动比传统村落单一的生活空间更为复杂。目前乡村旅游中已出现的、表现较为负面的问题有：人流量增加，生活垃圾的增多对自然环境造成严重破坏；游客农业知识缺乏，破坏了当地农产植物或自然环境；由于思想观念上存在不同，也曾出现由于文化信仰差异引起的暴力冲突事件等。在乡村旅游建设的过程中，对游客与村民双方的态度与行为习惯都应是建设考虑的核心问题。

中国传统村落大致经历了血缘宗族村、杂姓村、近代农村改造及现代化新农村建设几个阶段。这几个阶段形成不同的乡村公共空间特征，在目前中国普遍存在。村落作为小聚落形态，其公共空间一直是居民交往、生活的核心部分，也是乡村旅游建设的重要部分。通过对传统村落公共空间不同阶段的构成及其演变分析，以及对乡村旅游开发中对户外公共空间建设要素的分析，对比研究出在旅游开发过程中存在的差异，总结出其产生的巨大问题。从乡村发展脉络上观察可得知，“社会结构”和“空间内部差异”是过渡时期矛盾产生的根本原因。这就需要保护珍贵的乡土文化精神，延续乡村物质空间肌理，实现游客与居民的和谐共处；乡村要适应现代化需求，而旅游业也要适应乡土文化的个性。

第三节　乡村振兴视角下的乡村公共空间设计

2017 年 10 月 18 日，党的十九大报告提出乡村振兴战略规划；2018 年 2 月 4 日，《中共中央国务院关于实施乡村振兴战略的意见》公布，乡村振兴三步走战略安排中包含了乡村治理两步走目标，对现在及未来的农村治理提出了更高要求，主要表现在四个方面。

第一，在治理目标上，以“治理有效”替代十六届五中全会提出的“管理民主”，把农村治理目标从“管理”和“民主”推进到“治理”并且要“有效”，将农村村民自治和农民自我管理推进到乡村社会有效治理。按照全球治理委员会的界定，“治理”与统治和管理不同，是多个主体参与共同治理的过程，追求的是治理效益；而“有效”指明治理的最终目标——“善治”。这既是社会主义农村现代化的最终目标，也是乡村振兴的基础。

第二，在治理体系上，十九大报告提出，加强农村基层基础工作，健全自治、法治、德治相结合的乡村治理体系。浙江桐乡和枫桥经验证明，“三治结合”在治理农村方面是非常有效的。当然，不能机械照搬这一体系，正如桐乡的“三治结合”与枫桥经验也不一样。各地农村要依据本地实际情况，确定“三治结合”的不同方式，根据治理进展适时调整，与治理内容和重点相结合，建立起农村治理的有效机制。另外，有些地区更进一步，提出“三治合一”甚至“三治融合”，希望在农村治理实践创新中探索三治有机结合的方式。除此之外，乡村振兴离不开党的领导，农村治理也必须在党的领导之下进行。十九大报告和《中共中央国务院关于实施乡村振兴战略的意见》对此都有专门的论述，后者还把它作为实施振兴战略的一项基本原则。这一点实际上复制了国家层面的治理体系，目的是为了实现乡村治理与国家治理的有机衔接，是国家治理现代化在乡村治理中的现实表现。

第三，在治理格局与方式上，十九大报告提出，要建立共建共治共享的社会治理格局。这一点同样适用于农村治理。《中共中央国务院关于实施乡村振兴战略的意见》指出，除了村务监督委员会外，还要依托村民（代表）会议、村民议事会以及各种理事会和监事会等，形成民事民议、民事民办、民事民管的多层次基层协商格局。通过议事，形成公共治理的规则与意识；通过办事，积累和增强公共治理的经验和能力；通过管事，塑造农民的共同体意识和主人翁观念。同时，创新基层管理体制机制，把管理的重心转变到提供服务上来，打造“一门式办理”“一站式服务”“互联网网格管理”等平台，为老百姓提供一站式的家门口服务。

第四，在与农民主体权利有关的制度与实践形式上，十九大报告提出，完善基层民主制度，保障人民的知情权、参与权、表达权、监督权；同时，推进基层协商和社会组织协商，有事好商量，众人的事情由众人商量，真正实现农民的事情由农民自己商量决定，在商量的过程中体现农民的主人翁意识，提升他们的主人感和在场感。《中共中央国务院关于实施乡村振兴战略的意见》把坚持农民主体地位作为实施乡村振兴战略的一项基本原则，充分尊重农民意愿，激发他们的主人翁观念和自我意识，以使他们能够自觉地参与到乡村振兴中来。

实现乡村有效治理是乡村振兴的重要内容。为深入贯彻落实党的十九大精神和《中共中央国务院关于实施乡村振兴战略的意见》，推进乡村治理体系和治理能力现代化，2019 年 6 月 23 日，中共中央办公厅、国务院办公厅印发《关于加强和改进乡村治理的指导意见》，对加强和改进乡村治理提出了总体要求，明确了主要任务，制订了具体实施措施；6 月 24 日，中央农村工作领导小组办公室、农业农村部、中央组织部、中央宣传部、民政部、司法部联合印发《关于开展乡村治理体系建设试点示范工作的通知》，进一步明确了乡村治理的指导思想和基本原则，确定了试点内容及工作安排等，把农村治理体系建设和目标提到了日程上。

公共空间是指居民在生产生活中公共使用的空间，包括除了私人合法所有外的一切公共资产资源。乡村公共空间主要包括以下三种类型：一是道路的红线、绿线控制范围内的边坡、沟渠；二是河道蓝线控制范围内的滩面、边坡、堤防（见图 6-10、图 6-11）；三是农村村级集体的公共资产资源。因此，我们所说的农村公共空间也可以这样理解：除农户宅基地及其附着物（房屋）和以家庭为单位的土地承包经营权证书范围的承包地、群众认可的自留地外的所有资产资源都是农村的公共空间。

图 6-10　乡村河道驳岸

图 6-11　乡村河道景观

第四节 美丽乡村视角下的公共空间环境设计

传统意义上的公共空间自然形成于农村的长期生产和生活过程中，其中大部分是由自然、社会和经济原因决定的。它具有村民参与频率高、空间格局统一的特点。在中华人民共和国建立之前，乡村公共空间由先前的封闭状态下的功能单一、受外界的干扰较少、主要与村民的生活息息相关、具有强烈的生命属性，逐渐转变为现有的组织、功能更加多样化，成为除了生活属性外还有政府办公属性和文化娱乐属性的一种集合空间场所。根据新时期的美丽农村建设发展方向，需要这种“新”的公共空间形式，更好地为村民服务。

但就目前来看，乡村公共空间的建造存在着两极分化严重的问题，一边是功能单一、毫无规划设计可言，一边是“太过”直接将城市里的空间景观搬到乡村里来用，明显是不合适的。我们需要找到一条适合于其本身发展方向的道路。

一、公共空间的分类及现状

（一）分类

将公共空间从宏观上根据形态尺度的不同，可大体分为点状空间、线状空间、面状空间。

1. 点状空间

类似于村口、古树、广场等单元空间，一般是一村落里面的景观上抑或是空间上的节点处，是人们日常交流、休憩乘凉的场所，往往具有可识别性。同时，也是一个村落里风俗习惯等最形象具体的代表，是外来人员对乡村先入为主的第一印象。

2. 线状空间

作为乡村重要空间之一，主要是村落里的道路交通系统，代表了整个乡村的骨架，是点状空间和面状空间两者之间相互关联的纽带，如乡村里面的街道、河流及湖泊等。

3. 面状空间

从宏观的角度来看待整个乡村的公共空间分布情况。与“点”“线”空间有效地形成了整个空间的网络构架，它承载着乡村居民的生活习惯与公共活动，是乡村聚落整体环境的重要组成部分，维系着社区的认同感，传承着传统文化的精神。

（二）现状

随着新农村经济发展得越来越好，村民的生活质量也跟着日渐提升，而人们对于公共空间的需求会变得多元化，但目前尚存在如下问题。

1. 功能不够多元化

现如今人们需要的乡村生活不再是简单的只是满足于人们围坐在一起家长里短地闲聊，还有很多原本的交往活动也在逐渐消失，如乡村里面的旧戏台或者是祠堂等建筑，因为建筑和环境的破旧加上人们兴趣活力的消散，会导致一些传统的活动慢慢淡出人们的视野。还有村民活动中心建设，也从只有基础办公和几个打乒乓球的空间变成了需要集合阅读空间、多媒体空间、小商店等于一体的复合空间。

2. 空间面貌大多趋于“城市化”

由于村庄搬迁和农村住房的更新，无论是新建的村庄还是传统的村庄，公共空间都是以自上而下的决策形式建造的。公共空间的形式取决于政府决策者的偏好，使公共空间成为城市化的趋势。与此同时，政府规划者往往只关注生活空间的外在形式，却忽视了公共空间环境的建设，只是模仿城市公共空间的建设。如此，新的农村内部公共空间就失去了当地本应具有的人情关怀。公共空间被交通功能占据，起不到一个聚集人群的功能，人们随意通过，这样便失去了容纳集体空间、人际交往等一系列活动的作用。

3. 公共建筑缺少地方乡土特色

公共建筑作为公共空间的一种形式，是村民或者当地游客使用频率最高的一个场所，也是最能体现一个村落的地域特点和文化习俗的载体。但不论是南方还是北方大部分村落大体上都是统一的造型、统一的风格。如图 6-12，这种只出于“使用”来考虑的建筑形式在越来越注重人居环境的今天是要被淘汰的，尤其是对于大多数主打旅游产业的美丽乡村来说，自身的文化特点才是最重要的。

图 6-12 乡村公共建筑

4. 缺少对儿童的考虑

近年来，城市化进程中的人口迁徙和新农村建设加剧了乡村社会经济的发展变迁，在乡村人口结构的变化、经济活力提升的同时，也带来了乡村公共活动及承载它的传统公共开放空间的衰败。在人们思考并投入美丽乡村建设时，更多考虑为孤寡老人提供适老化设计，但忽略了留守儿童的游乐嬉戏空间或者场所，在关于专门供儿童使用的空间上有些考虑欠缺。

二、乡村公共空间环境设计原则

（一）地域性

如果说人为的场所都和它们的环境相关，自然条件与聚落形态学便有一种意义非凡的关联性。一个聚落或者村落的整体形态必然与其所处的地形地貌有着极大的关联。“当整体环境有地形存在时建筑才诞生”，这就充分说明了建筑是要扎根于环境中的，并不是应用一个标准对许多地方采用一个模式复制，只考虑了这个空间能不能用的问题。甘肃省会宁县马岔村的村民活动中心（见图 6-13）建筑环境与其周围黄土高坡的地理风貌相协调，并且使用了村落里当地的夯土技术建造，很好地囊括了村落的民居民风、生活习俗和原始风貌。从远处瞭望，建筑能够十分协调地融入周围的环境之中，符合地域文化的特点可以说是其最基本的核心特征。

图 6-13　马岔村的村民活动中心建筑

（二）参与性

在建设公共空间的过程中，如果有当地村民的共同参与，共同去完成建造，一方面可以获得一些因不确定性而产生有趣的意外收获，另一方面可以使人们在参与建设的过程中与场所空间产生天然的联系。他们既是建设者也是使用者。尤其是供儿童游乐的场所，如果让小孩子们去自己创造一些属于自己的“回忆”，体验到参与其中的乐趣所在，这也是公共空间所存在的价值体现。让当地的人们切身体会到参与感的价值与快乐，既会促进设计者与人们的交流，知道什么是当地人们所需要的，也会加深村民的认同感。

（三）可持续性

从字面上理解，可持续性是一个可以持续很长时间的状态和过程。在美丽乡村的建设背景下做到建筑和环境的可持续性发展，可以将其理解为如何通过对现有遗存资源的再利用，以及如何对废弃或利用率不足的空间进行功能和空间上的重构。同时，它可以在未来的发展中继续更贴切地发挥自己的价值。河南省信阳市新县西河粮油博物馆及村民活动中心是对村庄里一个废弃的粮管所进行的改造。考虑到村庄未来发展的产业，在对原始建筑单体尽可能地保留的基础上将新的功能融入，对材料的挑选也都是就地取材，既节约了成本，也实现了材料的可持续性。

所以，从上述案例可以得出，可持续性大致有两个方向：一个是材料及环境上的可持续性，另一个是从乡村未来发展角度上的可持续性。

（四）空间的丰富多样性

在既满足了对文化精神的传承又满足了对功能的重构的同时，空间的丰富多样能给人们

带来更多的活力。杭州市富阳区东梓关村的村民活动中心就是在开放的空间特质下满足不同时态下的功能需求，此起彼伏的屋顶与当地村民的生活的场景一起构成了“大屋檐下的微型小世界”。

在整体的功能分化上，一改大多数封闭公共空间的使用状态，空间流动性强，与外界关联性强，承载村民生活的多样性、丰富性和细微性。从棋牌、放映、体育活动到小卖店，村民的日常生活休闲娱乐方式被分为一个个相互独立的单元场景，来往的人群可以在连通内外的空间里自由行走、逗留，阳光、气息和外部的环境在无形中就成为公共生活的背景。村里的过会、听戏、红白喜事等相对重要且人群密集的场合，则可通过合理的调整将空间再次重新组合。这样一个空间就可以起到多种用途，也增加了空间的使用率。

三、案例

（一）马岔村村民活动中心

马岔村位于甘肃省会宁县，村里有 10 个社，400 余户，2000 多口人。马岔村位于黄土高原沟壑区，地处海拔 1800～2000m 之间的干旱地区，年降水量仅 340mm，村里日常饮用及灌溉用水极度匮乏。这里有着黄土高原的典型地貌特征，沟壑纵横，地貌基本分为山梁、山坡与谷底三部分。村里大部分山坡已被改造成梯田，房子和院落基本都建在这些梯田间的台地或沟壑间的谷底，民居多以传统的合院方式组织。由于土资源极度丰富，当地传统民居多以生土为主要建材，建造工艺基本为土砖砌筑、传统夯土、草泥，配以木结构屋架。

2011 年，在住房和城乡建设部及中国香港无止桥慈善基金的支持下，设计团队以马岔村为基地，针对传统夯筑技术的改良和现代化应用，启动了新的研究示范项目。经过之后两年的实践，村中已建成多户新式夯土民居。2013 年，在无止桥慈善基金的资助下，设计团队在村里以新的夯土技术设计了一个村民活动中心，为马岔村 2000 多位村民提供一个公共活动的场所。中心于 2014 年夏开始建设，2016 年 7 月完成并投入使用，是整个示范项目的标志性节点。

村民活动中心选址于一个大约呈 20°的退台式山坡上。山坡东面朝向山谷，视野开阔，景色壮丽。空间功能被划分为一个开放的、可供集会与看戏的场院，以及四个相对独立的土房子：多功能室（满足培训、展示、阅览、会议等功能），商店，医务室和托儿所（含一个小厨房）。

在空间组合方式上，设计团队借鉴了当地民居传统的合院形式，并尽量结合基地的退台现状，以四个设置在不同标高的土房子围合出一个三合院，开口面向东侧的山谷。所有的建造用土都在现场采取，取土过程本身也是对场地的修整。设计团队希望这几个土房子就像在地里生出的土块，可以自然地融入当地的空间景观之中。

除了商店外，其他三个土房子的屋面全部处理成当地通常采用的单坡形式，以便在雨天将屋面珍贵的雨水汇流至院子里，并经过退台，最终收集在基地标高最低处的水窖中。同时，设计团队也在中心的入口处设置了一个小型的风力发电装置，产生的电量可以满足村民活动中心大约一半的日常用电需求。

马岔村的夜晚有着迷人星空，浩瀚的银河常常直挂在眼前。在繁星下，自我会瞬间变得渺小，视野和想象力却会迅速无限扩张。这样的星空也自然寄托了当地孩子们无数的美梦与想象。所以围绕小朋友的使用，设计团队在托儿所的室内做了些特别的尝试，希望孩子们能对这个土房子产生更多的兴趣与情感。托儿所东南两侧土墙交汇的地方是一个幽暗的角落，设计团队想就利用这个角落为孩子们创造一个在白天也能看到“繁星”的空间。设计团队在墙体内部夯进了数十根直径不等的亚克力棒，使阳光得以从中穿过。这就在厚实、幽暗的土墙角落里挂起了点点星光，营造出戏剧化的“星空”效果。

墙身上的混凝土墙基和梁并没有都被隐藏起来，而是成为与窗和墙同样的立面元素显露出来，如实地呈现着墙体自身的结构逻辑关系。这样的结构体系也是为了满足当地建筑对八度地震设防烈度的要求。

这个项目有着特殊的建造组织方式：没有专业的施工人员，十多位当地村民是整个项目施工建设的主体，他们既是中心的建设者也是使用者。另外，在无止桥慈善基金的组织下，近百位来自内地、中国香港及海外的无止桥志愿者也分几批参与到施工建设之中。活动中心的建成是他们与村民共同劳动的成果。在当地，村民本身就有传统夯土的经验，对于新式夯土工艺，稍加培训便可胜任施工要求；被雇用的当地村民，也可在务农之余赚取一份额外的报酬。此外，设计团队更乐于见到、也是更有意义的，是这样的工作将为新式夯土技术在当地的推广播下重要的种子。

在这几个土房子的建造中，设计团队更关注的是本土工艺的改良与延续，设计方法也更多地从材料工艺与空间体验出发。设计团队希望这个村民活动中心能对当地的医疗、教育、日常生活做出一些积极的改善。

千百年来，当地村民生活于土房子中，对土房子曾有着天然的认同感；然而随着时代的变迁，这种认同感也不断地被冲击着。但现在，设计团队高兴地看到这些认同感正逐渐回归。对于这样一个土造的村民活动中心，每一个使用它的个体，都能与之有着友善的互动—这些互动关乎习惯、风俗、记忆、情感以及生活本身。

（二）西河粮油博物馆室内空间改造设计

2013 年 8 月 1 日，河南信阳市新县“新县梦·英雄梦”规划设计公益行活动正式启动。这次公益设计活动使西河村迎来了巨大的转机。新县位于大别山革命老区，2017 年前是全国贫困县。西河村距离新县县城约 30km，是山区中的一个自然村。村庄一方面具有较丰富的自然、人文景观：风水山林、清末民初古民居群、祠堂、古树、河流、稻田、竹林等；另一方面，其交通闭塞，经济落后，缺乏活力，空巢情况严重，常住村民大多为留守老弱儿童和智障村民。

经过一番实地调查后，设计团队的工作聚焦在对西河村一组 1958 年的粮库改造上。通过对场地中 5 座建筑的空间重构和功能更新，设计师成功地将 20 世纪 50 年代的西河粮油交易所转变为 21 世纪的西河粮油博物馆及村民活动中心。改造后，建筑的功能包括一座小型博物馆、一处特色餐厅以及多功能用途的村民活动中心。这座新建筑既是西河村新的公共场所，也成为当时激活西河村的重要起点。

在建筑改造的同时，设计团队还为西河村策划了新的产业：茶油，并设计了相关产品的标志—“西河良油”，可以说是一次“空间-产品-产业”三位一体的跨专业设计尝试。而西河粮油博物馆正是承载产品和产业的空间。一座古老的油车被安置在博物馆的空间中，它不是单纯的展品，它同时是真正的生产工具。2014 年 11 月 25 日，时隔 30 余年，西河湾又开始了古法榨油的生产，而这油就是“西河良油”，榨油的工具就是这架有 300 年历史的油车。

经过几年的发展，西河村也发生了大改变。古村得到了全面修缮，也新建了民宿和帐篷、营地等旅游服务设施。现在西河村已经成为年接待游客数十万人次，吸引青年人返乡创业的乡村振兴模范村。

2019 年，设计团队将原有空间进一步梳理，提高效率，进一步加强参与性、娱乐性，完成了空间的升级。室内空间的重新设计围绕“粮”和“油”展开，也再次回应了建筑的名称——西河粮油博物馆：建筑的两个房间，一个主题是“粮”，一个主题是“油”。

粮空间注重儿童的体验，分别从春夏秋冬的四季入手布置空间分区，每个季节对应一个主题，即“春播”“夏长”“秋收”“冬藏”。空间和家具强调互动性，希望打破原有博物馆以“看”为主的调性，让观者（特别是儿童）能够参与其中，可“触”、可“听”、可“磨”、可“尝”。因此，“春播”在于“触摸”和“知”作物本身。该区域被设计成一个围合的农作物知识小讲堂，使得孩子们可以围坐在一起并亲手接触到各类将要在春天播种的作物。这种体验辅助以直观的讲解，观众从这里开始对农耕与农时的认知之旅。“夏长”在于“倾听”环境、“感知”万物生长的“自然协奏曲”。该区域放置了若干收纳声音的艺术装置，每一个装置内会有高低错落的由竹子制作而成的听筒，凑近的时候会听到夏季的乡村中熟悉的声音，比如虫鸣和晚风吹过树梢的沙沙声。“秋收”则通过“碾磨”体现：一台从农户家中收来的石磨被放置在展厅中央。在工作人员的指导下，孩子们与他们的父母可以共同使用这台传统石磨来碾磨秋天收获的农作物，如稻米、小麦、高粱等。亲身的体验让“脱壳”“碾磨”这些农事生产词汇从书本上走到现实中。“冬藏”则是这一穿越四季的农事体验旅程的终点。本区域也可被称作“亲子协作工作坊”，旨在让观众“品尝”到由农产品制作而成的可口食品以及“制作”简单的农具模型。西河保留着诸多食品制作的传统工艺，依循着这些传统制作方法，孩子们可以与父母一同品尝到自己手作的板栗饼、猕猴桃干、米糕等，在观念上全面认识农产品从种子到食品的完整过程。位于室内空间中的条带状的矮桌是重要的元素。根据不同年龄段使用者的使用尺度，它的高度既可以作为儿童活动的桌子被使用，用来做手工、面点；也可以作为成人的坐凳。此外，这些矮桌可以拆卸、移动和自由组合。通过移动和组合，空间得以产生不同的分隔、变化。

油空间是在原本榨油作坊基础上的升级。原空间中的古老油车仍然保留在原位置，这个布置与传统的习俗有关。油车由一颗树龄 300 年大树主干制成，树干粗的一端称为“龙头”，龙头必须朝向水源，也就是村庄中的西河，榨油冲杠撞击的方向要和水流的方向相反，于是油车就有了现在的方位。围绕油车，新布置了半圈坐台，观者可以舒适、稳定地观看榨油表演。坐台也进一步强化了空间的领域感，以及榨油的仪式感。在设计师看来，这种仪式性的生产，或者生产的仪式感才是中国乡村最为宝贵的遗产。

与油车相对，空间的另一端布置了商品货架，主要用于销售与茶油有关的产品。早在 2013 年，西河村项目的一期工作中，设计师就为西河村策划并设计了“西河良油”的品牌。但遗憾的是，当时的西河村对于茶油的经营并不擅长，因此有机茶油的产业发展并不理想。本次空间升级正是希望将产业思路延伸下去，进一步将空间与经营、空间与产业结合在一起，使游览、观赏、体验和产品融为一体。

第七章

美丽乡村环境设计提升与改造模式

农业农村部部长韩长赋在博鳌亚洲论坛2018年年会“转型中的农民与农村”分论坛上表示，未来农业农村部将从推进农业的高质量发展、推进农村基础设施建设等五个方面大力推进乡村振兴战略的实施。

美丽乡村建设作为实施乡村振兴战略的重要抓手和主要载体，是打响乡村振兴战略的“第一枪”。2018年，农业农村部科教司对外发布中国美丽乡村建设十大模式，分别为：高效农业型、文化传承型、环境整治型、社会综治型、生态保护型、草原牧场型、渔业开发型、城郊集约型、休闲旅游型、产业发展型，为全国的美丽乡村建设提供范本和借鉴。

每种美丽乡村建设模式，分别代表了某一类型乡村在各自的自然资源禀赋、社会经济发展水平、产业发展特点以及民俗文化传承等条件下建设美丽乡村的成功路径和有益启示。

第一节　高效农业型模式

高效农业型模式主要在我国的农业主产区，其特点是以发展农业作物生产为主，农田水利等农业基础设施相对完善，农产品商品化率和农业机械化水平高，人均耕地资源丰富，农作物秸秆产量大。

典型案例：福建省漳州市平和县三坪村

三坪村是国家4A级风景区——三坪风景区所在地。该村共有8个村民小组，2000余人。2012年，该村农民人均纯收入11125元。三坪村全村共有山地60360亩，毛竹18000亩，种植蜜柚12500亩，耕地2190亩。该村在创建美丽乡村过程中充分发挥森林、竹林等林地资源优势，采用“林药模式”打造金线莲、铁皮石斛、蕨菜种植基地，以玫瑰园建设带动花卉产业发展，壮大兰花种植基地，做大做强现代高效农业；同时整合资源，建立千亩柚园、万亩竹海、玫瑰花海等特色观光旅游，构建观光旅游示范点，提高吸纳、转移、承载三坪景区游客的能力。

为了改善当地村民居住环境，提升景区周边环境品位，三坪村实施“美丽乡村建设”工程，现如今建设中的美丽乡村已初具雏形，身姿靓丽，吸人眼球。2013年，平和县斥资1900万元，全力打造闽南金三角令人神往的人文生态村落。其建设内容包括铺设村主干道1km、慢步道2km，河滨休闲景观绿道1.3km，以及开展村中沿街立面装修、污水处理、绿化美化、卫生保洁等。

几年来，三坪村特有的朝圣旅游文化和“富美乡村”的创建成果，吸引着众多的游客，也影响着当地村民的精神生活，带动当地旅游产业的茁壮发展，走出了一条美丽创造生产力的和谐之路。该村先后获得“国家级生态村”“福建省生态村”“福建省特色旅游景观村”“漳州市最美乡村”等荣誉称号，是漳州市新农村建设的示范点和福建省新农村建设的联系点，连续多年获得省级文明村。

第二节 文化传承型模式

文化传承型模式主要是在具有特殊人文景观，包括古村落、古建筑、古民居以及传统文化的地区，其特点是乡村文化资源丰富，具有优秀民俗文化以及非物质文化遗产，文化展示和传承的潜力大。

典型案例：河南省洛阳市孟津县平乐镇平乐村

平乐村位于孟津县平乐镇南部，南邻白马寺，距洛阳市 12km，交通便利，地理位置优越，且历史悠久、文化底蕴深厚，因公元 62 年东汉明帝为迎接大汉图腾筑“平乐观”而得名。该村以农民牡丹画而闻名全国，农民画家已发展到 800 多人。“一幅画、一亩粮、小牡丹、大产业”，这是流传在河南省孟津县平乐村村民口中的一句新民谣。近年来，平乐村按照“有名气、有特色、有依托、有基础”的“四有”标准，以牡丹画产业发展为龙头，扩大乡村旅游产业规模，探索出了一条新时期依靠文化传承建设“美丽乡村”的发展模式。

千百年来，平乐村民有着崇尚文化艺术的优良传统。改革开放后，富裕起来的农民开始追求高雅的精神文化生活，从事书画艺术的人越来越多。随着牡丹花会的举办和旅游业的日益繁荣，与洛阳有着深厚历史渊源而又雍容华贵的牡丹成为洛阳的重要文化符号。游人在观赏洛阳牡丹的同时，喜欢购买寓意富贵吉祥的牡丹画作留念，从事书画艺术的平乐村民开始将创作主题集中到牡丹上来。经过二十多年的发展，平乐农民画家们的牡丹画作品销往西安、上海、中国香港、新加坡、日本等地，多次参加各种展览并获奖。2007 年 4 月，平乐村农民牡丹画家自愿组建洛阳平乐牡丹书画院，精选 120 余幅作品在洛阳市美术馆隆重举办了农民书画展，展示了平乐牡丹画创作的规模和水平。2009 年 10 月农民画家郭肖伟、郭泰森随河南省文化代表团出访新西兰；同年 12 月，平乐三位农民牡丹画家参加“中原文化宝岛行”活动；2010 年 3 月，28 名画家在北京 798 艺术中心举办“平乐农民牡丹画展”；2012 年平乐农民牡丹画家分别参加上海世博会、深圳文博会、厦门文博会。

“小牡丹画出大产业”。通过这一系列活动不仅使农民画家增加了见识，开阔了眼界，扩大了交流，更重要的是，对平乐进行了有效宣传，提高了平乐农民牡丹画的知名度和影响力。2007 年，平乐村被河南省文化厅授予“河南特色文化产业村”荣誉称号，在由文化部组织的 2011—2013 年度“中国民间艺术之乡”评选中，孟津县平乐镇荣获“中国民间文化艺术之乡”称号。2011 年 3 月，平乐村开通了“平乐牡丹画村”网站，通过网络交流收集信息，吸取营养，宣传平乐，为今后的发展谋求更大的发展空间。

第三节 环境整治型模式

环境整治型模式主要在农村脏乱差问题突出的地区，其特点是农村环境基础设施建设滞后，环境污染问题严重，当地农民群众对环境整治的呼声高、反映强烈。

典型案例：广西恭城瑶族自治县莲花镇红岩村

红岩村位于广西桂林恭城瑶族自治县莲花镇，距县城 14km，距莲花集镇 2km，距桂林市 108km，共 95 户 390 人，是一个集山水风光游览、田园农耕体验、住宿、餐饮、休闲和会议商务观光等为一体的生态特色旅游新村。红岩新村成功地建起多栋独立别墅，建成了瑶寨风雨桥、滚水坝、梅花桩、环形村道、灯光篮球场、游泳池、旅游登山小道等公共设施。

以前的红岩村环境卫生较差。近几年，随着新农村建设工程的开展，红岩村脏乱差问题得到极大改善。在村内环境卫生得到改善的基础上，红岩村围绕新农村建设“二十字”方针，通过制订规划，壮大产业支撑，建设乡风文明，开启乡村旅游富民路，抓牢基层党建，完善基础建设等不断加强红岩村美丽乡村建设，成效显著。改革开放以来，红岩村坚持走“养殖-沼气-种植”三位一体的生态农业发展路子，积极实施“富裕生态家园”建设，大力发展“农家乐”特色旅游，成功走出了一条“生态富村、文明建村、旅游强村、民主理村”的科学发展之路，先后荣获广西壮族自治区“生态富民示范村”“全区农业系统十佳生态富民样板村”等荣誉称号，被喻为“广西第一村”。从 2003 年 10 月到 2018 年，红岩村已接待了中外游客 150 多万人次，成为开展乡村旅游致富的典范。2006 年 2 月，红岩村以其优美的自然风光和舒适的人居环境被文化和旅游部命名为“全国农业旅游示范点”；11 月，该村又荣获中央电视台“全国十大魅力乡村”的荣誉称号；红岩村的休闲文化旅游模式被广西壮族自治区文化厅定为文化致富工程五种模式之一。

第四节　社会综治型模式

社会综治型模式主要在人数较多、规模较大、居住较集中的村镇，其特点是区位条件好，经济基础强，带动作用大，基础设施相对完善。

典型案例：天津大寺镇王村

天津市西青区大寺镇王村北邻西青经济技术开发区，东邻天津微电子城。该村距天津港 10km，距天津国际机场 15km，距市中心 15km，交通四通八达。全村 580 户，人口 1800 余人，占有土地 4000 余亩。

王村是天津东南方新农村发展的一颗耀眼的明星。王村被天津市政府命名为天津市“示范村”，2012 年，荣获“美丽乡村”称号。王村经过近几年的发展，实现了农村城市化。村里生活环境和谐有序，基础设施完善，家家户户住进新楼房，电脑、电话、汽车走进农家，村民过着“干有所为，老有所养，少有所教、病有所医”其乐融融的生活。

十几年前，王村 90%的村民仍然住着低矮潮湿的危陋平房，单调、简陋、陈旧、窘迫、拥塞是绝大多数王村人的居住状况。为了改变这一现状，彻底解决村民的住房问题，村领导制订了 5 年村庄建设规划，推倒全村危陋平房，建成公寓和别墅，让全体村民住上了新楼房。此外，为了实现农村城市化，使百姓生活在舒适、整洁、文明、优美的环境中，村领导组织制订了彻底改造村内生活环境的规划，并筹措资金，组织力量先后完成了许多工程、项目的改造和提升，村庄环境得到很大改善。王村在完善社区服务中心、商业街，开发建设峰

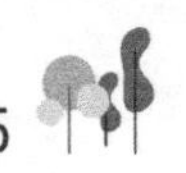

山菜市场、卫生院等公共服务设施的同时，还先后建成了占地 2 万多平方米的音乐喷泉健身广场、2400m^2 的青少年活动中心以及 1000 多平方米的村民文体活动中心，室内网球场、羽毛球场、乒乓球场、拉丁舞排练场、农民书屋、村民学校、党员活动室、文化活动室、舞蹈排练厅、棋牌室样样俱全，全部按照最高标准建设，设施完善，而且所有场馆都不对外营业，全部作为百姓的福利，让乡亲们无偿使用。完善的基础服务设施，极大方便了村民生活。

第五节　生态保护型模式

生态保护型模式主要是在生态优美、环境污染少的地区，其特点是自然条件优越，水资源和森林资源丰富，具有传统的田园风光和乡村特色，生态环境优势明显，把生态环境优势变为经济优势的潜力大，适宜发展生态旅游。

典型案例：浙江省安吉县山川乡高家堂村

高家堂村位于全国首个环境优美乡——山川乡境内，全村区域面积 7km^2，其中山林面积 9729 亩，水田面积 386 亩，是一个竹林资源丰富、自然环境保护良好的浙北山区村。区位优势明显，东邻余杭，南界临安，西北与天荒坪接壤，距县城 20km，距省会杭州 50km，萧山国际机场 80km，是安吉接轨杭州的桥头堡。高家堂是安吉生态建设的一个缩影，以生态建设为载体，进一步提升了环境品位。

近年来高家堂村将自然生态与美丽乡村完美结合，围绕“生态立村—生态经济村”这一核心，在保护生态环境的基础上，充分利用环境优势，把生态环境优势转变为经济优势。现如今，高家堂村生态经济快速发展，以生态农业、生态旅游为特色的生态经济呈现良好的发展势头。全村已形成竹产业生态型观光型高效竹林基地、竹林鸡规模养殖，富有浓厚乡村气息的农家生态旅游等生态经济对财政的贡献率达到 50%以上，成为经济增长支柱。高家堂村把发展重点放在做好改造和提升笋竹产业上，形成特色鲜明、功能突出的高效生态农业产业布局，让农民真正得到实惠。从 1998 年开始，对 3000 余亩的山林实施封山育林，禁止砍伐。并于 2003 年投资 130 万元修建了环境水库——仙龙湖，对生态公益林水源涵养起到了很大的作用，还配套建设了休闲健身公园（见图 7-1）、观景亭、生态文化长廊等。新建林道 5.2km，极大方便了农民生产、生活。同时，着重搞好竹产品开发，如将竹材经脱氧、防腐处理后应用到住宅的建筑和装修中，开发竹围廊、竹地板、竹层面、竹灯罩、竹栏栅等产品，取得了一定的效益。并积极为农户提供信息、技术、流通方面的服务。同时积极鼓励农户进行竹林培育、生态养殖、开办农家乐，并将这三块内容有机地结合起来。特别是农家乐乡村旅店，接待来自沪、杭、苏等大中城市的观光旅游者，并让游客自己上山挖笋、捕鸡，使得旅客亲身感受到看生态、住农家、品山珍、干农活的一系列乐趣，亲近自然环境，体验农家生活，又不失休闲、度假的本色。此项活动深受旅客的喜爱，得到一致好评，而农户本身也得到了实惠，增加了收入。

近年来，高家堂村通过自身的不断努力，先后荣获“全国文明村”“国家级生态村”“国家级民主法治示范村”“全国绿色小康村”等荣誉称号。2008 年成为安吉县首批中国美丽乡村精品村之一。

图 7-1 高家堂村休闲健身公园

第六节 草原牧场型模式

草原牧场型模式主要在我国牧区半牧区县（旗、市），占全国国土面积的 40%以上。其特点是草原畜牧业是牧区经济发展的基础产业，是牧民收入的主要来源。

典型案例：内蒙古锡林郭勒盟西乌珠穆沁旗浩勒图高勒镇脑干哈达嘎查

脑干哈达嘎查位于西乌珠穆沁旗浩勒图高勒镇政府所在地东北 25km 处。脑干哈达嘎查总面积 44600 亩，可利用草场面积 33800 亩，人均草场面积 180 亩。

现在的脑干哈达嘎查放眼望去，只见一幢幢蓝白色相间的牧民新居整齐划一地排列着，房屋的造型不仅统一，而且富有浓郁的民族特色，远远看上去更像是“别墅”群，与绿茵如毯的草地构成了一幅美丽的图画。

为了改变嘎查的落后面貌，西乌珠穆沁旗把国家农业综合开发资金与水利、交通等建设资金整合起来，先后投入 1100 多万元，为牧民盖新房、安装路灯，柏油路也修到了牧民家门口。

现在的脑干哈达嘎查“水、电、路、讯、卫生室、活动室、超市”早已经实现了全覆盖。同时，还科学规划布局生活区和生产区，从生活区向东 300m 左右就是生产区，在生产区内有水井、贮草棚和青贮棚。标准化暖棚和育肥棚总共有 20 栋，这 20 栋标准化暖棚能够满足整个嘎查牧户的喂养需求。

夯实基础设施建设，带动发展肉牛育肥产业，改变了脑干哈达嘎查畜牧业生产落后、牧民生活水平较低的面貌。全嘎查牧民年人均纯收入达到了 2 万多元。嘎查旧貌换新颜，新牧区建设已见雏形。

建设社会主义新牧区、成为草原上最美乡村的典范，是脑干哈达嘎查多年来不懈努力的方向。如今，脑干哈达嘎查已成为新牧区建设示范点，牧民早已实现走平坦路、喝干净水、住整洁房、居优美村的愿望。

第七节 渔业开发型模式

渔业开发型模式主要在沿海和水网地区的传统渔区，其特点是产业以渔业为主，通过发展渔业促进就业，增加渔民收入，繁荣农村经济，渔业在农业产业中占主导地位。

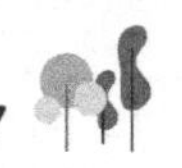

典型案例：甘肃省天水市武山县

武山县位于甘肃省东南部，天水市西端的渭河上游。目前，该县渔业产值占农林牧渔总产值的10%。2012年末，全县养鱼水面达464亩，其中冷水鱼12亩，水产品总产量达到300t，其中冷水鱼超过40t，渔业总产值达770余万元。近几年，旅游市场火热，武山县紧抓机遇，结合实际，大力发展休闲渔业。休闲渔业是对渔业生产的补充，是对渔业资源的综合利用，是实现渔业产业结构调整的战略选择。该县盘古村的发展前景比较好，该村400余亩河滩渗水地充分利用后采取“台田养鱼”模式进行开发池中养鱼、台田种草种树，随着经济的发展，逐步开辟成具有水乡特色的以生产商品鱼为主的产业，将来要建设成休闲式生态渔家乐。2008年秋，该县龙台董庄村冷水鱼养殖户按照旅游要求，加大休闲农业开发建设的力度，以渔业生产为主题，以区域文化为内涵，以景观为依托，结合本地特点，打造功能齐全的休闲农业示范景区。其中，君义山庄等渔业养殖户进行了改造提升，积极推出“住在渔家、玩在渔家、吃在渔家”的“渔家乐”休闲旅游项目，已成为武山“农家乐”示范基地。近年来，武山县试验推广鲑鳟鱼为主的冷水鱼品种，培育发展休闲渔业。全县渔业产业实现了从粗放到精养、从单一的养卖到提供垂钓、餐饮、休闲观光等综合服务方式的巨大转变，养殖规模不断扩大，呈现出良好的发展态势。

盘古村的“渔家乐”，依托良好的生态资源发展垂钓运动带来的垂钓旅游，经济收入可观，效益比原先高出一倍以上。现在武山“渔家乐”成为天水休闲渔业示范基地，带动了乡村休闲旅游的发展。武山县积极研发引进渔业养殖新技术，其中河流养殖冷水鱼技术试验的成功极大地拓展了养鱼空间，也为该县渔业找到了确实可行之路。大南河西河、榜沙河上游有生产上千吨冷水鱼的水资源潜力，养殖技术已达到自繁自育的水平。武山县有河谷滩涂地、渗水地、薄田等宜渔土地5000余亩，适宜于集中连片发展常规鱼养殖。台田养鱼、塑料薄膜防渗等渔业实用技术的试验示范为常规鱼养殖奠定了技术支撑。龙台乡董庄村冷水鱼养殖开发小区、温康乡福源生态农庄、鸳鸯镇盘古村养鱼小区依托周边山水风光、人文景观、人脉资源，发挥自身环境优美、产品绿色环保的优点，为人们提供休闲娱乐、观光垂钓、农家餐饮等服务，延长了渔业产业链，经济效益翻倍提高，成为渔业经营方式创新的典型。

第八节 城郊集约型模式

城郊集约型模式主要是在大中城市郊区，其特点是经济条件较好，公共设施和基础设施较为完善，交通便捷，农业集约化、规模化经营水平高，土地产出率高，农民收入水平相对较高，是大中城市重要的“菜篮子”基地。

典型案例：上海市松江区泖港镇

松江区泖港镇地处上海市松江区南部、黄浦江南岸，水、陆、空交通运输都十分便利，是松江浦南地区三镇的中心，东北距上海市中心50km，北距松江区中心10km。该镇的发展不倚仗工业，而是依托“气净、水净、土净”的独特资源优势，大力发展环保农业、生态农业、休闲农业，成为上海的“菜篮子”“后花园”，服务于以上海为主的周边大中城市。

该镇注重卫生环境的治理，在新农村建设中，开展村庄改造和基础设施建设，使全镇生态环境和市容卫生状况显著改善。2010年，该镇成功创建国家级卫生镇，2011年成为上海市第一家创建成功的市级生态镇。截至2012年6月，市容环境质量已连续18个季度保持全

市郊区108个乡镇第一名。泖港镇作为上海市的“菜篮子”，把工作重点放在发展农业上是极其明智的选择。该镇以创建高产田为抓手，大力发展环保农业；以“三净”品牌为优势，大力发展农副经济；以节能环保为标准，淘汰落后工业产能。此外，泖港镇还鼓励兴办家庭农场。泖港镇2007年起走上了以家庭农场为主要经营模式的农业发展道路，如今已基本实现家庭农场的专业化、规模化经营。具体做法一是规范土地流转，实行家庭农场集中经营；二是完善服务管理，提高家庭农场运行质量；三是推动集约经营，优化家庭农场运行模式。截至2012年上半年，泖港镇已有20324亩土地交由家庭农场经营，占全镇粮田面积的87%。同时，随着家庭农场的集约化规模化机械化程度的提高，特别是由此带来的土地产出效益和农民收入的提高，农户承办家庭农场的积极性也空前高涨。

为顺应时代发展，满足大城市休闲度假的市场需求，泖港镇借助自然资源优势，发展生态旅游。近年来，该镇开发和引进了大批中高档旅游项目，从旅游项目空白镇发展成农村休闲旅游镇。同时，以乡土民俗为核心，以市场需求为导向，充分整合生态农业、生态食品、农业观光、农业养殖、村落文化、会务培训、疗养度假、农家餐饮等各类乡村旅游资源，实现了农村休闲产业的功能集聚。目前，乡村旅游已成为该镇农业经济新的增长点。据不完全统计，仅2013年就先后接待游客约15万人次，实现旅游总收入近3000万元，利润总额达500多万元，带动农副产品销售1500多万元，解决了300多名当地农民的就业问题。同时，旅游景点的建造、周边环境的改造，也使泖港的环境越来越优美。

第九节　休闲旅游型模式

休闲旅游型美丽乡村模式主要是在适宜发展乡村旅游的地区，其特点是旅游资源丰富，住宿、餐饮、休闲娱乐设施完善齐备，交通便捷，距离城市较近，适合休闲度假，发展乡村旅游潜力大。

典型案例：江西省婺源县江湾镇

国家特色旅游景观名镇江湾镇地处皖、浙、赣三省交界，云集了梦里江湾5A级旅游景区、古埠名祠汪口4A级旅游景区、生态家园晓起和5A级标准的梯云人家篁岭四个品牌景区。依托丰富的文化生态旅游资源，着力建设梨园古镇景区、莲花谷度假区，使之成为婺源“国家乡村旅游度假试验区”的典范。“中国美，看乡村”，天蓝水净地绿的美丽江湾，正成为“美丽中国”在乡村的鲜活样本，并以旅游转型升级为拓展空间，加快成为“中国旅游第一镇”。

江湾镇旅游资源丰饶，晓起名贵古树观赏园荟萃了六百余株古樟群、全国罕见的大叶红楠木树和国家一级树种江南红豆杉，栖息着世界濒危珍稀的鸟种黄喉噪鹛，国家重点保护的黑麂、白鹇鸟等。江湾镇森林覆盖率高达90%，既是一个生态的示范镇，也是一个文化底蕴丰厚的千年古镇。该镇依托丰富的历史人文文化和良好的生态环境，成功打造“伟人故里——江湾”“生态家园——晓起”“古埠名祠——汪口”三个品牌景区。

作为28个省级示范镇之一的江湾镇，近年来积极发展乡村旅游，着力打造乡村旅游的示范镇，促进乡村旅游与农业、农民和农村发展有机结合，使乡村旅游参与主体的农民，成为受益主体。投资8000万元建设篁岭民俗文化村和投资7亿元重点开发以徽派古建筑异地保护区定位的梨园新区，这两个重点旅游工程的建成，将使更多群众受惠于乡村旅游。积极

引导开发农业观光旅游项目，打造篁岭梯田式四季花园生态公园，使农业种植成为致富的风景，成为乡村旅游的载体。作为全国首批特色景观旅游名镇的江湾镇，乡村旅游效益逐年提升，2013年旅游接待游客达250万人次以上，联票收入6800万元，旅游综合收入5.56亿元；围绕旅游“吃、住、行、游、购、娱”六要素，旅游带动旅游工艺品生产销售。

为展示婺源的文化特色，江湾镇新建百工坊、鼓吹堂、公社食堂等景点，让游客体会旧时手工艺匠人的传统技艺，观赏徽剧、婺源民歌等传统剧目，极具历史价值和观赏价值。

第十节 产业发展型模式

产业发展型模式主要在东部沿海等经济相对发达地区，其特点是产业优势和特色明显，农民专业合作社、龙头企业发展基础好，产业化水平高，初步形成“一村一品”“一乡一业”，实现了农业生产聚集、农业规模经营，农业产业链条不断延伸，产业带动效果明显。

典型案例：江苏省张家港市南丰镇永联村

永联村地处江南，长江之滨，隶属于江苏省张家港市南丰镇，是江苏省乡村发展最具代表的乡村之一，全国美丽乡村首批创建试点村。

永联村曾被称为“华夏第一钢村”，曾是张家港市最小、最穷、最乱的村。改革开放期间，村领导组织村民挖塘养鱼、开办企业，陆续办起了水泥预制品厂、家具厂、枕套厂等七八个小工厂以及村集体轧钢厂，收益颇丰。在村集体的共同努力下，永联村不仅完全脱贫，还跨入全县十大富裕村的行列。永联村是以企带村发展起来的，村集体有了经济实力，就可以为新农村建设、美丽乡村建设“加油扩能”。

近十年来，永联村投入数亿元用于新农村建设，村里的基础设施及社会公共事业建设都得到快速发展。此外，为解决数量过万的村民的就业问题，村党委还利用永钢集团的产业优势，创办了制钉厂等劳动密集型企业，有效吸纳了村里的剩余劳动力。村里还开辟40亩地建设个体私营工业园，统一建造生产厂廉价租给本村的个体私营业主。另外，还利用本村多达两万人的外来流动人口的条件，鼓励和引导村民发展餐饮、娱乐、房屋出租等服务业。

随着集体经济实力的壮大，永联村不断以工业反哺农业，强化农业产业化经营。2000年，村里投资兴建富民福民工程，成立了永联苗木公司，将全村4700亩可耕地全部实行流转，对土地进行集约化经营。这一举措，不仅获得巨大的经济效益，同时大面积的苗木成为永钢集团的绿色防护林和村庄的“绿肺”，带来巨大的生态效益。目前，永联村正在规划建设3000亩高效农业示范区，设立农业发展基金，并提供农业项目启动资金，对发展特色养殖业予以补助，促进高效农业加快发展。

近年来，永联村先后共投入2.5亿元，积极发展以农业观光、农事体验、生态休闲、自然景观、农耕文化为主的休闲观光农业，初步形成了以苏州江南农耕文化园、鲜切花基地、苗木公司、现代粮食基地、特种水产养殖基地、垂钓中心为一体的休闲观光农业产业链，休闲观光农业年收入7573.7万元。村里建设的“苏州江南农耕文化园”为张家港唯一一家四星级乡村旅游区。在农耕文化园，各种娱乐项目让人目不暇接，拓展类、休闲类、DIY类……这里，有地道的江南风味美食；这里，有正宗的长江鲜食，拥有得天独厚的优势：濒临长江水产最为丰美的水域，拥有自己的长江渔业捕捞队。每年一度的长江美食节在此举办。现如今，生活在张家港市永联村，如同生活在一个新兴的都市里。

第八章

乡村环境空间设计实效评价体系

第一节　乡村空间设计实效评价基础

一、乡村空间设计与实施的现状

（一）乡村空间的特点

乡村不仅因为地理位置、地形气候等自然条件的差异而各不相同，更因人类的繁衍生息而受到人文因素的影响。乡村是人类进化过程中，与自然相互影响、协调共生而传承下来的人与自然的协同体。经过长时期积淀与演变，乡村的空间格局和建筑形态与自然环境密切关联，同时也受到生活习惯、传统文化和风俗人情等因素的影响，表现出不同于城市的明显差异。

1. 景观与自然相融

自然生态环境，是人类聚居产生并发挥其作用的基础，是人类安身立命之所在。人类在乡村的生产作息离不开对地形地貌、气候环境的适应，离不开对土地、山水、资源、动植物的利用。千百年来的农业社会，人们遵循"天人合一"的思想，建立了人与自然和谐相处的乡村环境，塑造了自然与人文融合共生的乡村景观。村庄布局因山就势，农耕生产因地制宜，景观是自然环境的延续，自然环境又是景观的组成。人们对景观的营造，既渗透着对山水田园的期盼与向往，也渗透着对天地人和的理解与追求。

在古代，村落的建设与演变过程中，无论是选址择基还是建房修路，我们的祖先都极为注重对山形水势的顺应与利用。开垦山间梯田则顺坡就势，兴建临河街巷则随水蜿蜒。他们以人自身为自然一分子，融建筑于天地之景观。这种"天人合一"思想深刻影响了乡村的空间风貌。粉墙黛瓦配青山翠竹，牧笛山歌伴蛙叫蝉鸣，人们积极地利用自然要素来改善生活、生产的环境，同时又用生活、生产的情趣来点缀自然。无论是高原窑洞还是山林老宅，延续至今的传统村落中，仍能见到这种人工景观与自然环境交融共生的和谐景象。

2. 建筑与环境协调

建筑是人类在自然中的栖居场所，环境是建筑所依存的基础。荷兰建筑师基·考恩尼说过："建筑绝不只是单一存在的个体。它与构成自然的许多次序一样，也是庞大次序中的一个”。建筑与环境是相互延伸、相互渗透、相互补充的整体，这在乡村中体现得尤为明显。传统村落在建造过程中，不仅考虑建筑内部环境的空间组织与安排，而且也注重建筑与周围环境之间的呼应与协调。从宏观层面来讲，村落的形成是根据地理环境和自然资源来做出选择和发展的过程。建筑组群是根据地形地貌进行适应性地利用和改造，形成建筑与环境间变化丰富的虚实关系。在微观层面，建筑与院落的组合关系也是根据环境进行灵活的拼接组合。建筑材料多采用乡土材料，绿化装饰也选择当地品种，因此造就了人与自然亲近和谐的空间环境。

3. 生产与生活结合

村庄形态是适应居民生活、生产方式的物质空间表现。传统的乡村大多以农耕为主，村庄不仅是村民生活居住、社会交往的场所，还与生产活动紧密关联。在乡村，门前栽树，屋后种田，“日出而作，日落而息”，是农民的生活常态。生产活动与生活紧密相连，反映在建筑上，两种空间相互渗透，不会像城市出现严格的功能分区。传统乡村住宅，不仅是生活起居的场所，还可能带有饲养、编织等家庭生产的功能。手工业作坊前的空地、屋后的庭院可作为平常休憩的地方，但也可能成为农忙时的晒谷场、堆放柴草的场地或是供自家使用的菜园等。在云南的城子古村，建筑依山而建、高低错落，造就了“下层的屋顶就是上层的晒谷场”的独特奇观，也成为生产与生活空间结合的典型写照。

4. 村落与文化共生

传统乡村是由地缘、血缘、宗族关系等延续而形成的社会文化共同体。由于乡村存在着密切而广泛的亲属关系网，因此村民长期以来形成了相对统一的行为方式、道德规范和生活习俗。这种群体人文意识便是扎根于地域土壤的村落文化。宗族内部，族人依靠祠堂及拜祖，凝聚团结力，因此村庄是在势力强盛的宗族组织下的自治，宗族是村庄自主和凝聚力的基础。宗法观念与家族关系表现在建筑空间布局和组合秩序上，民族风情和生活习惯表现在功能布局和村落形态上，审美情趣、意识观念表现在建筑风格和景观风貌上。街巷道路、民居建筑、祠堂庙产等不仅是满足生存功能的物质空间，也是展现村民精神面貌、诠释村落乡土特色的文化载体。乡村是自然环境与人文社会的有机结合体，两者密不可分。

（二）美丽乡村建设中的现状问题

城镇化的不断推进和社会经济的发展，对乡村产生了巨大的影响：传统乡村缓慢的自然演化转入快速的发展更新，科技带动生活的改变，对建筑空间提出了现代化的要求，新农村的建设方兴未艾。一方面，经过公共设施的建设、环境的综合整治，农民的生活条件得以改善，生活质量逐步提高。另一方面，美丽乡村建设中也存在传统结构破坏、地域特色丢失、生态环境恶化等问题，具体来说有以下方面。

1. 自然生态环境恶化

传统乡村以农业生产为主，人与自然和谐共生，但随着城镇化的推进，不少乡村的产业类型和村民的生活方式都发生了巨大的变化，人与自然的和谐关系也被打破。城市边界的扩张和工业发展的需求，让不少乡村饱受工业污染的侵害。矿石的开采、林木的砍伐、污水的排放让原有的自然山川形貌大改。即使乡村仍保持着农业生产的主体地位，农药化肥的使用，化工产品的丢弃，也导致农用土地土壤退化和污染物累积。原有的生态循环已然改变，各类生产和生活污染造成自然环境严重恶化，同时也危及人类自身的健康与安全。

2. 乡村空间格局破坏

乡村空间格局是各个村落在与自然环境相互适应和改变中自然形成的，因此自由灵活、各具特色。出于经济发展和生活改善的需要，乡村进行了重新开发和利用，然而过分追求经济利益和保护观念落后，导致乡村自由、多样的空间布局被破坏，或盲目地采用城市居住区的规整布局，或挤占交通便利的道路两侧地段，乡村原本自然灵活的空间特色荡然无存。甚至有一些尺度规模不合时宜的建筑或道路出现在村落之中，不仅脱离了功能需要，而且破坏了村庄肌理及与环境的和谐关系。

3. 建筑景观特色缺失

经济全球化带动建筑的全球化，城市建筑因千篇一律、形态趋同而饱受诟病的同时，却成为乡村建筑设计的样本。青砖、灰瓦、马头墙、雕花、格栅、吊脚楼等本是不同地区的在历史演变中顺应当地条件、延续乡土文化而形成的建筑特色，但在美丽乡村建设过程中，许多村民抛弃传承已久的地域风格，盲目地模仿城市住宅或西方建筑，建起了不伦不类、风格混乱的瓷砖房、小别墅，破坏了村庄整体的风貌特色，也造成村庄形态大同小异，地域性特征逐渐丧失。

传统的村落顺应水形山势，结合田园林地，形成了自然亲切的乡土景观。街巷道路自由曲折，建筑用材大多就地选取，花草绿植则是疏密得宜。然而现代的更新建设中，一些乡村忽略对地形的利用，盲目采用水泥或是柏油路面，道路追求宽阔平直，绿化追求规律整齐，不但使得街巷景观少了古朴自然的美感，更破坏了层次丰富、生意盎然的空间氛围。

4. 公共空间功能衰退

乡村公共空间是村民开展政治、宗教、集会、商业等活动的场所，是乡村文化风俗的重要载体，对维护乡村社会关系和保持乡土特色有着举足轻重的作用。现代生活的转变和城镇文化的冲击，再加上乡村人口的急剧减少，诸如戏台、祠堂、打谷场等公共空间由于久无人用而逐渐荒废，即使留存下来，公共空间的功能也已衰退，难以适应村民所需。而一些新建的公共空间如广场、长廊、水池，又未能切实贴近村民生活，融入乡村环境之中。因此，传统村落的公共空间如何实现功能转换、提高使用价值也是美丽乡村建设待解决的问题。

5. 传统村落文化消逝

城市文化在城镇化建设中不断向广大乡村渗透，城市生活方式也在向乡村转移，传统村落文化正逐渐衰减甚至消失。乡村立足于农业社会，历经数千年的创造与积淀，传统文化中许多物质与非物质内容具有重要的传承和保护价值。淳朴的礼仪、特色的风俗、热闹的活动曾代代相传，庙会、社戏、游灯、舞龙等民俗活动促进了人们之间的交流，也大大丰富了村民的日常生活。这些非物质文化不仅承载着村庄的历史记忆，也增添了村庄的生机与活力，促进了民间技艺的流传。然而由于村落格局、街巷结构、建筑形式、空间功能等一系列物质要素的改变或破坏，依附物质空间的村落文化也大受影响。村民的物质和精神追求向城市靠拢，审美情趣与价值观念也不同以往，乡村原有的历史文化和民俗风情在美丽乡村建设中逐渐消逝。

二、乡村空间设计与实效的价值取向

（一）乡村空间设计的原则

美丽乡村建设要使村民的生活质量得以提升、乡村特色得以保存并取得持续的发展，不仅要注重对环境的综合治理和产业的推动，更要注重生态环境的保护和历史文化的延续。更新中的空间设计应深入调研乡村现状，切实了解民众需求，解决实际问题，因地，制宜地制订出适应村庄发展的设计方案和实施方法，提升乡村多元价值，实现可持续发展。具体而言，应把握以下原则。

1. 保护与发展并重原则

面对自然和人文条件与城市迥异的乡村，设计建设必须遵循保护和发展并重的原则，保护和传承乡村特色的同时，促进乡村可持续发展。一方面，生态和谐的自然环境是乡村居民聚居生活、生产劳作的基础，特色迥异的建筑风貌和文化风俗是乡村保留传承的珍贵财富，对两者的合理保护与利用是乡村可持续发展的必然要求；另一方面，人们对物质与精神生活的要求逐步提高，美丽乡村建设要适应时代趋势，改善乡村设施条件，提升村民生活质量，推动乡村在经济、社会、人文、环保上的多维协调发展。

2. 适应性原则

美丽乡村建设要尊重村庄原有的自然环境和人工环境，乡村空间设计要重视对自然条件的恰当考虑和合理利用，不能破坏乡村人与自然的和谐关系。建筑形式与空间形态不能脱离已有的环境要素，注重整体协调，突出地域特色。空间布局和功能效用上要切合乡村的发展方向定位，尽可能地提高土地与空间的使用效率，并结合乡村的经济状况，从投入与效益的角度考虑设计实施的可行性。

3. 以人为本原则

满足村民各种需求、实现村民全面发展是美丽乡村建设的最终目的所在，因此，乡村空间设计必须做到以人为本。以人为本体现在方方面面：在环境整治上，解决村民的现实问题；在空间设计上适应农民的生产、生活习惯；在建设成效上，促进农民增产增收，各项工作都以村民的受益为基本标准。村民是美丽乡村建设的主体，也是建设的主要影响对象，乡村空间设计应深入了解村民的需求、尊重村民的意愿，发挥村民主体的积极性和创造性，让他们能够在美丽乡村建设的设计、施工、管理中发挥作用，推动乡村的持续发展。

（二）乡村空间设计的理念

美丽乡村建设中的空间设计，是在把握以上原则的基础上，为适应时代发展和生活生产需要对乡村空间进行的更新改造，因此，在设计理念和侧重点上与城市设计或单纯的村落保护有所不同。

1. 空间多样性

首先，乡村具有与城市相异的空间环境，人们依据不同的自然条件，展开农、林、牧、渔等产业活动，这也决定了乡村空间的多样性。同时，现代的技术进步和文化交流，必然对

乡村生活方式产生影响，居民的生活、生产和娱乐需求也逐渐多元化，美丽乡村建设不仅要满足原有生活起居要求，也要创造适应现代生活和产业发展的多样空间。例如，传统乡村聚落中，读书阅览空间并不常见，但在现代生活和未来发展中却有设置的必要。再如旅游开发的乡村，原本的民居空间难以全面满足接待游客的需求，而必要的旅游集散、住宿和服务场所的添置则更能适应发展的趋势。

2. 功能适应性

适应现代或将来的需要，并不是一味地新建增添建筑空间，更要注重建筑功能的适应性和复合性，在建筑改造和新建设计中结合实际状况考虑多种可能，提高空间的使用效率。尤其是大部分乡村，经济水平不高，发展相对滞后，全面推广高科技和高水准的设施当前难以实现，因此在空间设计方面要因地制宜，并且考虑功能转换的可能性，提高使用时间的延续性，避免重复建设的浪费。举例而言，在民居设计中，既要考虑传统土灶厨房的保留，也要预留使用现代厨房的空间。乡村的传统公共空间如戏台、谷场等也可与休闲活动场所的设计相结合。

3. 生产便利性

生产与生活相结合，是传统乡村的特点，这不仅由乡村的产业结构所决定，也与其地缘关系和生活方式相关联。2014 年，李克强总理在政府工作报告中指出，推进以人为核心的城镇化，就地城镇化和就近城镇化成为乡村发展重要的方向。乡村的更新和发展，有可能带来产业类型和生产方式的转变，但也应尊重总体布局，保证生产的便利性。空间设计中要考虑家庭生产活动的可能，创造适应产业优化发展的空间环境。

4. 景观生态性

乡村的景观设计要结合当地的地域条件和自然环境，将建筑与环境纳入整个生态系统考虑。乡村景观的营造，一方面是通过环境的整治，解决乡村的环境污染和生态破坏问题，如加强对垃圾、污水的处理（见图 8-1）；另一方面是从当地的生态特性出发，结合生产生活的需要对空间环境进行美化。大片的油菜花可以形成景观，满山的茶树也可以形成景观，这些都是结合生产需要而形成的特色，并非人工的矫揉造作。即使村落空间的绿化，也应选择适宜当地条件的植物品种。

图 8-1　公塘头自然村污水处理工程

5. 特色延续性

乡村空间设计一是要延续乡村独有的自然特色，例如秀丽的山水景致、田园风光；二是要保护地域建筑风貌、传承村落文化。具体说来要注重以下方面：①空间组织和安排要考虑当地文化习俗和生活习惯；②建筑营造应更多地考虑使用当地材料和当地施工技术；③建筑风格和形式要尊重当地的特色，统一中追求变化。

三、乡村空间设计实效评价的内涵

（一）评价的功能与意义

乡村空间设计实效评价是一种设计辅助分析工具和实施效果验证方式，以空间使用者（主要是村民）为中心，以使用者群体的价值取向作为评价的出发点，兼顾各方主体的利益与综合效益的平衡。“作为一种应用性的技术学科，评价本身不是最终的目的，空间价值的实现才是最终的目标。”

在美丽乡村建设的设计实践和理论研究中，它有以下功能：

① 系统评价更新设计对乡村空间的总体环境和多维要素的综合影响，以便针对设计、实施所存在的问题与不足采取补救措施；

② 检验乡村空间设计的品质，挖掘乡村发展的现实问题和潜在需求，为改进乡村设计的思路与方法提出科学的建议；

③ 反思乡村规划和建筑设计的目标与内容；

④ 为地域建筑的设计与乡土景观营造积累经验和反馈信息，促进乡村空间设计的总体水平不断提高。

基于以上功能，乡村空间设计实效评价对于美丽乡村建设具有以下深远意义。

① 融入定性与定量分析的实效评价，从科学实证的角度检验了乡村空间设计结果的合理性，摆脱过于主观的设计倾向。

② 拓展了乡村空间设计思考的范围，促使思维方式更加客观务实。在设计实施的全过程中引入设计实效评价后，使设计思考方式从传统的“设计主体——设计对象”的二元视角转变为从“人—空间环境”这个相互作用的多元系统出发来考虑问题，因而设计师更多加入对多元社会价值的思考，同时让包括村民在内的多方主体介入到设计评价中，让乡村设计工作更加理性化和系统化。

③ 有助于提高乡村设计、实施和管理的民主性、科学性。它一方面将设计、施工建立在实效调查和科学分析的基础上，避免经验主义和主观主义的影响；另一方面将管理监督和效果评判的权利回归于利益主体自身，减少设计目标与实际成果的评价偏差。

④ 使乡村空间设计的程序和模式进一步科学化。把实效评价引入设计实施中，形成“设计—实施—评价—反馈”的循环过程，从而使设计工作更加科学合理。

（二）评价的范畴与标准

本节研究的实效评价主要是对乡村空间设计的效果和综合影响进行评价，包括物质层面和非物质层面影响。评价范畴以空间环境为主体，涉及人文、艺术、经济、社会、生态等方面的内容。由于是针对美丽乡村建设过程，所以重点要考虑空间设计对环境提升、文化延续、活力激发、生态韧性和产业发展等方面的影响。在评价方法和技术选择上，将技术理性与价值理性相结合，建立"科学—人文"多元复合价值的评价方法体系。

确立评价标准是很困难的。虽然通过费用、面积、容积率等直观的数字指标，建立适当的标准，具有一定的作用，但艺术表达、人文保护等价值观念的评价在乡村空间设计评价中也是不可或缺的内容，而这方面的评价总是会受到评价者偏好的影响，因此实效评价的标准建立是一个复杂的过程，需要咨询专家的意见，采用科学的方法，以提高评价标准的包容性与合理性。

针对乡村空间设计的评价，由于不同地域、不同环境下影响建筑或空间的要素存在巨大差异，包括自然环境、经济状况、社会关系、风俗习惯等，评价标准必然要结合当地情况进行指标筛选和权重分配。一般性的标准对使用者主要起参考和建议的作用，具体的项目评价实施，应该根据具体的地区条件与经济基础，对比分析设计实施前后的实际情况，制订因地制宜的评价体系，并通过因子和权重调整来保证适应性。

四、乡村空间设计实效评价的主客体

（一）评价主体

乡村空间设计实效评价的主体是参与和使用空间的多元主体，包含专家、政府、村民和其他空间使用者。

1. 专家评价的必要

（1）价值型评价的必然

乡村空间设计的评价涉及建筑、规划、景观、设计和评价学等方面的知识，拥有专业背景的评价专家能够以理论研究和实践经验为主，对乡村设计实施的重点要素和评价取向做出筛选与判断，以综合、全面的价值观为基础，参与指标筛选、权重分配和评价赋值等过程，以提高评价的科学性和准确性。

（2）实效型评价的必然

由于实效型评价是对设计实施的效果进行评判，同时也涉及实施过程的内容，其结果需要多方面的考虑与权衡，在定性判断的基础上加以定量的分析来保证评价的客观性和全面性，因此需要专家对评价过程进行把控，运用科学方法收集反馈数据与意见，并通过模型计算等方式进行量化判读与归纳分析。

2. 公众参与的必要

（1）村民反馈的必要

乡村空间设计与实施本就是以村民为主体解决现实问题和实现乡村发展，因此实施过程和实施成效的评价都少不了村民的参与。这不仅是民主决策的展示，也是工作改进的需要。在欧美发达国家，无论是城市设计还是城乡规划都会主动鼓励和策划公众参与，并将利益协调作为主要工作内容，相关程序和反馈方法都有法律保障。在我国，虽然也有征求公众的意

见，但在法律制度上仍有缺陷，没有明确的公众参与程序与方法。但是，随着我国社会转型和规划制度改革，公众参与的权利将逐步得到保障，公众参与的积极性也明显增长。在乡村，本身建设活动与村民密切相关，并且由于土地产权更加需要民众支持，因此设计实施和评价的村民参与不可或缺。

另一方面，村民作为空间环境的主要使用者，在设计成效上具有最直接体验，因此最有发言权。村民的反馈意见有利于设计师了解当地情况和改进设计方法，为经验推广打下基础。村民的反馈可通过座谈会、问卷调查、访谈等多种形式，提高评价结果的公信力，同时对指标筛选、权重赋值等提供参考。

(2) 社会评价的必要

在乡村设计的实效评价中，基于具体项目的差异，可能有政府、投资者、开发商和村民等多方利益相关者，对于美丽乡村建设的主要问题、发展需求等的立场，如对环境影响、风貌特色、建筑功能等问题，不同主体考虑角度不同，因此只有社会多方的参与和反馈，才能充分了解到不同因素的重要性，修正评价的目标和标准，实现综合利益的协调。这样既能提高空间设计实效评价的科学合理性，也能促进乡村的持续健康发展。

具体到评价过程中，评价人员需要通过统计分析，合理地筛选具有代表性和合理性的评价意见，实现了评价主体从个体向群体的扩展。用统计学的术语来说，增加独立实验（观察）的次数以提高样本指标的代表性。

（二）评价客体

如卡塔内塞（A. J. Catanese）所言，“城市设计与建筑学及城市规划有密切的关系，工作对象可以是一栋房子的立面，一条街的设计，或者是整个城市或地区的规划”。乡村空间设计也同样存在着对象尺度、重点要素、内涵意义等成果考察方式的差异，并体现在评价目标修正、评价因素筛选、评价权重分配等过程。

乡村空间设计实效评价的内容可以分为宏观尺度、中观尺度、微观尺度三类。

1. 宏观尺度的评价

可理解为总体城市设计层面的村庄空间设计，评价的对象包括乡村的整体空间结构、道路格局、景观体系、公共活动空间、生产空间、民居空间等，评价时主要关注设计对自然生态、乡村风貌、社会经济、人文氛围的影响。

2. 中观尺度的评价

主要是指具有相对整体性的街巷或改造片区的设计，关注地段或片区的建筑空间质量、功能结构布局、公共景观营造和产业空间改造等。例如旅游开发的乡村，评价的对象主要是民宿改造状况、旅游服务设施、街巷景观设计等内容。

3. 微观尺度的评价

偏向于建筑细部和内部空间设计，如建筑装饰、建筑用材、建筑色彩、室内设施与服务条件等方面的评价，微观而具体，关注空间形态、界面、功能、尺度等细节要素所体现的艺术美感和地域特色。

第二节　乡村空间设计实效评价体系构建

一、评价维度的选择

不同时代、不同地域中价值评判准则存在令人难以置信的差异，正是这种多元的价值观导致了对同一事物巨大的评价争议。但是，在对立与冲突之外，人类总是存在某些共同的利益与需求，成为我们在社会发展中追求共同价值的基础。在乡村，这种价值追求就是拥有良好的自然生态环境，有亲切舒适、令人愉快的建筑空间，有丰富多彩的民俗活动和历史文化，安定有序而又充满活力，能得到可持续的发展。鉴于此，笔者认为乡村空间设计应从美学、空间环境、社会、生态、文化、经济六大维度评价社会多元价值。

（一）美学：视觉体验

美学价值源于建筑创作和景观营造对视觉感受的艺术追求，是空间设计不可或缺的价值组成。无论是宏观的空间形态、村庄风貌还是微观的建筑用材和装饰色彩，都包含了潜在的美学成分和艺术元素。乡村空间设计对视觉体验和艺术表达的追求，与人们对环境质量的需求往往是一致的。无论是乡村环境整治，还是美丽乡村建设，都很大程度上强调建筑的形象统一与环境的美化改造，通过形式鲜明的景观环境给人视觉冲击，实现美化乡村的目的。与此同时，对于乡村空间设计实践，人们越来越认识到村民作为乡村环境的主要使用者，其感官体验的重要性。简单地进行物质环境的建设，而忽视人与环境之间的视觉和其他感知联系，将难以创造舒适与安宁的体验，也难以强化人们对空间场所的认同。因此，乡村空间的设计创作应重视建筑与环境的协调关系、重视空间的艺术价值，设计评价也应从设计师主导的审美情趣回归到使用者的审美效应上。

涉及具体的审美标准，尽管西方的几何美学得到了广泛的发展运用，但在中国社会不能忽视形神兼具、空灵洒脱的自然审美观。由于年龄、学识、经历、心情等因素的影响，不同人对乡村空间设计中的“美”有不同评价标准，但功能与美学都是衡量建筑环境优劣的重要因素。吸收不同人群对空间美学的认知作为实效评价的一项内容无可厚非。

（二）空间环境：以人为本

空间环境价值是乡村空间设计的核心价值标准，而以人为本则是美丽乡村建设的基本准则。在乡村的空间设计不仅仅是对物质环境的改善，更需要站在以人为本的视角，了解使用主体的生活方式和内在需求，通过空间组织将生活、生产、娱乐等活动联系起来。一方面，乡村空间是农民生活的居所，对民居、公共空间的设计，都是为了创造安全、舒适的环境，给村民的生活带来便利，因此，基于生活需求的功能效用检验必然成为空间价值评判的重要组成。另一方面，乡村也是组织生产活动的场所，提升产业空间的作用也是乡村取得长久持续发展的关键。产业空间既包括农、林、牧、渔的农业空间，也包括生产加工、旅游服务等新兴产业空间。只有保障空间的多方面提升和发展的可持续性，才能真正地解决村民的发展问题，吸引人气，避免乡村“空心化”。

事实上，无论是乡村还是城市，空间设计的核心都在于“以人为本”，即满足人们在生理、心理上对空间环境的需求。乡村设计要以村民为主体，多层次多角度地思考各类使用者的本质需求，增强空间的功能作用与场所意义，展现空间价值。

（三）社会：效益均衡

在乡村建设过程中，社会价值的实现是保障整体利益与长远发展的必要权衡，同时由于传统乡村社会不同于城市的特质，一项极为重要的方面是对礼法的尊重与理解。

首先，乡村空间设计应站在社会整体的层面上，权衡不同利益相关方之间的建设收益，保障乡村社会的整体福利和公正公平，调动村民的积极性，促进乡村持续发展。实现公平主要表现在三个方面：①空间设计实施过程的公平，需要公开的方案评审、广泛的村民参与、严谨的建设管理；②保障村民获取生活条件提升以及产业发展的公平机会与权利；③对乡村弱势群体（包括留守老人、儿童、贫困人群等）的关怀，针对乡村“空心化”现象做出相应的应对策略。长久发展体现在：①必要地保留和传承乡村的历史记忆；②充分调动村民的主体意识，提升乡村发展的内生动力；③借由良好的设计建设成效，扩大乡村的社会影响，增加对外的吸引力。

另外，在乡村“礼法”上给予必要的尊重。“礼法”指的是礼俗和法理两方面内容，它们共同组成传统乡村社会的行为规范。礼俗是指以民间传统习俗为基础，依靠代代相传的习惯势力实施管理，并提升为礼的规范（或一系列的社会制度），即所谓的礼制。在传统乡村这种以家庭为单元的熟人社会中，乡村治理主要依靠代代相传、轻重厚薄分别的差序管理方式，在乡村空间设计和实施中也必须认识到这一点。法理是指整个社会对法律至上地位的普遍认同感，以及通过法律或司法程序途径解决人与人之间关系的习惯和意识。尊重法理即是人们的行为规范和社会秩序按照明确的法律秩序运行，而不是依照个人喜好及亲疏关系解决纠纷。礼俗与法理相互吸纳与融合，共同约束和影响设计、实施的过程与结果，也有助于发展效率的提高。

（四）生态：自然和谐

生态价值是人与自然和谐共存的基本价值取向，也是人类与自然最大的公共利益目标。在传统的乡村社会，自然界的土地、水、大气等元素是人们生活的物质基础，追求人与自然的和谐即天地人合，是中国农民数千年来一直秉承的生活价值观。虽然现代科技的发展带给人类越来越多改造自然的能力，然而狂妄地予取予夺、肆意开垦、盲目建设，不仅破坏了自然界的自我调节机制、生物圈所含物质动态平衡和能量平衡，也对人类自身的健康发展带来了不利影响。现代乡村的生产生活仍然是建立在自然生态系统之上的，追求人与自然的和谐应当是不可动摇的建设理念和评价内容。

事实上，我国自古以来就注重人与自然环境的关系，生态和谐一直是建筑与景观营造中必要的价值追求。古人注重山川自然美，讲究利用建筑的人文美与环境的自然美达到有机统一与交融协调。我国传统的乡村建设中，面对不同的地形条件、气候特征，总结出了依山傍水、察形观势、趋利避害、因地制宜等自然设计理念，也发展出“天人合一”“顺乘生气”等理论与思想，更有“山水得宜”“阡陌交通”“良田”“屋舍”相映的世外桃源成为文人墨客的向往之所。而在西方，从能源危机、生态危机的出现，再到城市生态学的介入，可持续发展及生态主义的提出，最后到自然价值观评价方法的创造等，均能反映生态价值在设计评价领域的意义。

（五）文化：文脉延续

文化价值是人们对过往创造和历史意义的基本价值判断。空间不但是物质要素的积累与创造，也是精神状态和社会文化的集中体现。人们建造、使用和感受空间，并在时间长河中传承记忆。记录人类的发展转变，并与人类一同成长，这是建筑自身不可磨灭的价值。正因为此，当经济全球化、生产工业化带来“世界建筑”的蔓延，历史文化遗产不断受到威胁与破坏，各地的传统文明受到巨大冲击而衰退时，我们是何等地痛心疾首。看到富有地域特色的乡土风貌被规整统一的城市建筑所代替，看到乡村的传统文化、地域习俗、民间工艺等被逐渐遗忘和抹去，我们有必要唤醒人们对空间文化魅力和历史价值的认知。

无论是乡村格局还是建筑细部，无论是街巷道路还是老宅古井，无论是物质遗产，还是方言、饮食、生活习惯、民俗活动、宗教信仰等非物质遗产，乡村文化以空间形态为载体展现着它独特而又多彩的魅力。老的建筑和城镇拥有价值是因为它们本质上拥有着美的或“古董”的特征，或更简单地说，因为它们的古老而产生出珍稀性价值。文化的价值依托于空间而长久存在，乡村空间设计应该注重对历史文脉的传承发展、对乡村文化的挖掘创新和对场所价值的多层次体现。

（六）经济：发展追求

经济价值是乡村建设利益相关方必要的收益衡量。美丽乡村建设中的空间设计若只是简单地改善空间环境，而忽略对产业经济的影响，则难以保证建设目标的实现和发展的持续推进。国家对美丽乡村建设的重视和政策倾斜，并不会改变市场规律的影响。空间设计与实施的目标需要将乡村的使用价值与交换价值同步提高。乡村的民居住宅既可以是村民的居住场所，发挥使用价值，又可以在旅游发展中成为农家乐、旅馆，作为产生利润的场所，发挥交换价值。乡村空间设计中如何使用价值和交换价值间的关系决定着乡村的“形态、人群的分布，以及他们生活在一起的方式”。基于提高经济价值的考虑，在美丽乡村建设中，优化农业生产、加强产品精细加工、进行旅游开发、促进商业发展等都需要在对应的空间开发与建设中花费心血。在设计之初就考虑到经济发展需求和多方主体利益分配，才能更好地提升方案实施的可行性与实用性。

二、评价指标的研究

（一）指标建立的原则

乡村空间设计实效评价的指标设计应具备以下特点：①能反映美丽乡村建设中空间设计实施的效果，侧重建设前后各方面产生的特征变化；②是衡量设计与实施质量优劣的尺度标准；③是调整和优化设计方式和目标追求的评价反馈工具。因此，美丽乡村建设中的空间设计实效评价体系指标的建立需要符合以下原则。

1. 科学性原则

乡村空间设计实效评价要基于科学理论与经验总结，选择能反映实施效果的构成要素和

价值标准，站在客观事实的基础上，建立较为全面、公正、综合的评价指标体系。指标要明确反映评价的对象与定义，相关数据要保证来源的客观性与处理方法的科学性，指标的度量和统计宜采用简捷有效的方法，便于对比分析。

2. 系统性原则

乡村空间设计是以村庄的多层次空间为对象，本身具有系统性，因此实效评价的成果表达也应具备系统性，以综合目标为导向，细化到具体的空间、文化、社会、经济、生态等要素。而这些问题交叉覆盖、相互影响，因此，相关指标要在追求全面的同时，理清相互之间的逻辑关系，系统地反映实施效果的优劣程度。

3. 可操作性原则

指标的选取要注意指标数据的可得性，而且对设计实施的效果的评价，指标更需具备可测性和可比性。在内容、深度上的选择要具备概括性和客观性，选择的指标应能直接、敏感地显示实施效果最本质和最重要的特征，便于用数量来表达，或者有适宜的方法对定性评价进行量化，以便于后期的数理分析。

4. 适用性原则

作为既有经验的汇总，指标体系是根据时代发展不断调整和完善的开放系统。空间设计实施效果的评价是基于一定时期的发展要求和技术水平的评价，在针对具体对象时也会根据对象条件做适当的调整。评价指标的选择、评价方法的确定也需要动态检验与修正，以扩大其在乡村空间设计评价的适用范围。

（二）指标体系的参考

本节乡村空间设计实效评价指标体系的建立主要是通过参阅城市设计评价指标体系，深入理解其中指标建立的原则和方法，比较分析乡村设计与城市设计的异同，结合其他相关的乡村评价指标体系和实际调研状况建立的指标体系。

1. 城市设计相关的评价体系指标

毛开宇在《城市设计基础》一书中提出了“城市设计综合影响评价指标系统列表”，属于实效性评价，将综合影响的评价指标划分为功能效用评价、文化艺术评价、社会影响评价、经济影响评价和环境影响评价五大类，各大类再做二、三级指标的分类。刘宛在《城市设计综合影响评价的评估方法》一文中也指出城市设计评价体系的基本要素，涉及以上五大类，并在部分示例使用了这种评价指标的分类方法。该指标系统具有较广的认可度和影响力，之后常作为城市设计评价体系的参考，在此基础上做指标增减。另外，兰潇在其硕士论文《城市设计方案评价体系初探》中，从艺术性、认知性、技术性和价值性，进行一级指标的划分。二级指标则综合了国内外城市设计评价因子和标准进行了定性分类，具有一定的参考意义。

2. 乡村建设相关的评价体系指标

这里主要参照了与乡村空间设计实效相关的乡村规划实施评价、乡村人居环境评价、景观设计评价等，而且结合国家美丽乡村建设的标准，对相关指标进行了分类和筛选。

王丽颖在《北方严寒地区乡村规划评估体系的研究》中列出的乡村规划实施效果评估指

标中，将规划目标实施进展、乡村基础设施建设、用地布局、单体建筑设计、规划实施后社会认知度、公众满意度作为二级指标。三级指标既涉及人口规模、人均收入等定量指标，也有公众对乡村环境、建筑造型满意度的定性指标，对本节研究内容有较大借鉴意义。

李伯华、杨森、刘沛林等构建的乡村人居环境评价指标体系，将居住条件、生态环境、基础设施、公共服务、乡村发展水平五个方面定为系统层指标（二级指标）。三级指标都是相对具体的可量化指标，如人均年末住房面积、有效灌溉面积等，但这类指标对设计实效评价不大适合。类似的还有朱彬、张小林、尹旭的乡村人居环境评价指标体系。

张扬汉、曹浩良、郑禄红构建的乡村景观设计方案评价指标体系，提出科学性、艺术性、社会性、保护性、经济性、生态性 6 个二级指标和 16 个三级指标，其包含内容与乡村空间设计存在交叉，价值维度也较为相似，因此具有较大的参考作用。

另外，在国家《美丽乡村建设指南》中，提出了村庄规划、村庄建设、生态环境、经济发展、公共服务、乡风文明、基层组织、长效管理等几方面的内容，对指标的建立有一定参考意义。

（三）指标的筛选与论证

一般来讲，乡村空间设计的实效评价指标从不同角度有不同的分类方法。若从物质空间的角度对乡村空间进行划分，可以分为生活空间、生产空间、生态空间；或者从空间要素的角度划分，可分为村庄形态、公共空间、住宅组群空间、院落空间、滨水空间、农业生产空间等，然而这些方式在指标分类时，会产生一些重复的指标考察标准。比如，从生态角度，各类空间都强调与自然环境的结合；从文化角度，都强调保护乡村风貌，延续地域特色；从经济考虑，都强调经济实用性。而如果从差异性考虑进行细分，以具体的数据性指标进行衡量，例如人均住房面积、人均公共绿地面积、道路宽度指标等，将会使评价体系的内容庞大而复杂，并且过于突出乡村空间设计的功能和效率作用，而缺少对文化艺术、社会经济等方面的评价。因此，本节从乡村空间设计的评价维度出发，参考城市设计综合影响评价指标系统列表的分类方法，将实效评价指标体系分为功能效用、文化艺术、社会经济和环境生态四方面，下级指标在此基础上进行细分。将社会和经济两方面的影响评价合并在一起，是考虑到与本节评价的关联度和现实中其影响的范围较小，做了合并筛选。以下是对评价内容和目标取向的详细分析。

1. 功能效用评价

乡村的空间设计最基本的目标是满足人们居住、出行、生产、活动的多方面需求，因此对空间设计实施效果的评价，功能效用是必要内容。这部分评价主要对应物质空间，包含多层次、多角度的评价内容。功能的合理性、适宜性、安全性、丰富性，以及到达的便利性等都在其列。参考毛开宇在《城市设计基础》对城市设计综合影响的评价指标体系，将其划分为空间布局、交通联系和设施水平三个方面。

（1）空间布局

空间布局是对乡村各类空间的综合性评价，包括从村庄总体布局到空间层次，再到建筑空间的多层级的考察。乡村的设计改造与建设更新，要结合地形地貌形成结构清晰、布局合理的村庄形态，这关乎整体的运行效率和乡土风貌。而从空间的丰富性出发，则需要巧妙结合和利用自然要素，通过建筑形态的变化形成多层次的空间。建筑空间要适应和满足村民的需求，促进功能的交融，同时要注意灵活性和适应性。一方面是因为在乡村，日常生活通常与家庭生产活动相关联，另一方面，条件良好的传统乡村具有发展旅游业的可能性，所以空间设计要适应乡村未来的发展定位。另外，由于过去的经济科技水平和当代的“空心化”现象，乡村内存在很多年久失修、破败不堪的房屋，通过改造加固给予安全保障也是必要的。

(2) 交通联系

乡村的生活节奏相比城市较慢，因此在交通联系上并不会特别关注交通效率和交通方式的多样性，但同样需要保持顺畅的交通流线，改善人们到达目标区域的可达性。乡村道路要方便与外部社会的联系（外部通达性），也要满足生产需求。从现状条件和发展定位出发改善道路状况，做到功能适用、造价经济。乡村道路运输区域相对较小，主要适应步行，因此侧重在路面材料、照明状况和必要围护上做安全性的改善。停车设施需考虑经济发展水平和产业特点，比如现在很多乡村都发展旅游业，要结合景点对停车场进行合理布局和规模控制。

(3) 设施水平

乡村的基础设施和公共服务设施的作用是多方面的，是提升空间环境质量的关键。首先，它直接服务于村民生活，提高村民生活质量；其次，它促进生产，与产业密切关联，带动集体经济；另外，它还可以成为传承村落文化的载体，展现乡村特色。因此，有必要作为实效评价的内容。公共服务设施包括行政管理、教育医疗、商业服务等多种类型。对建设效果的评价主要从设施数量和质量考察设施配套水平，同时注重其可达性和实用性，切不可脱离村庄的经济水平和实际需求，搞大而无当的形象工程。针对当前我国乡村的现状，对普遍存在的留守老人和儿童要给予特别关注，其相关设施的建设也首当其冲。而从城乡统筹发展、乡村协同创新的角度，加强现代物流和信息网络的建设，充分利用互联网和物联网技术带来的便利推动乡村发展，对于旅游开发和农产品输出等有着重要意义。

2. 文化艺术评价

如果说功能效用是人们对空间环境普遍性的基本需求，那么文化艺术评价则是体现乡村的空间设计与城市设计差异的重要方面。乡村空间与当地的自然禀赋紧密关联，在长期的发展中形成同质性的传统文化，具有明显的地域特色。对乡村空间的评价要融入对乡土文化、宗族文化、风水文化和生态文化的理解，从村民群体的视角出发，对视觉感受和情感体验进行价值判断。同时，历史传承、文化特色应作为考察空间设计成功性的重要内容。

(1) 视觉感受

视景和谐是乡村空间设计的一项目标，从视觉感受来评价意味着以人为本，以人们（主要是当地村民）对客观的反应和感受作为标准。乡村有着乡村的特色，建筑与村民的生产生活活动和传统审美观念紧密关联，大到建筑的尺度、体量，小到材料的质感、色彩，甚至细部的装饰、工艺，共同构成人们对建筑外观的美感评价标准。街巷设施、小品，地块空间界面的协调性、多样性、连续性等也是视觉感受的重要部分。从整体性出发，地段与周边环境（包括自然环境和建筑环境）的协调和整体景观风貌也关乎观察者对村庄的独特印象。良好或清晰的视觉感受能让人记忆犹新，产生强烈的乐趣，也能反映出空间设计的品质。

(2) 情感体验

情感体验是从人与周围空间环境的相互关系出发，强调个体感官与心理的交互意义，其反映出人类对不同空间的不同体验要求和情感归属。从普遍性要求出发，首先空间环境要注意人性化，即对空间尺度、建筑形式、界面组合、流线布局等做出合理设计，让人感觉舒适；第二，体现特色，让人们在空间活动中获得场所感，也即特殊的情感体验和归属认同

感。从不同空间类型出发，则应有不同侧重点：①公共空间要求开放便利，亲切友好，让村民能积极地参与到公共活动中，提高公共空间的使用频率和效果；②民居空间要注重个性，乡村住宅大都是独立的村民自建住宅，与家庭条件和生产要求结合，有不同的功能要求，规模、形式、布局上也要求有各自的目标取向，个性化要求也是理所应当，切不可按城市小区的设计方法生搬硬套；③游憩空间的评价要点是趣味性，增加空间体验的丰富性，激发人们的生活乐趣，这在发展旅游业的乡村中尤为重要，不仅是对村民生活的自我调节，也是吸引游客的关键。

(3) 人文保护

乡村的传统风貌和社会文化是我们宝贵的财富，保护乡村文化的载体是保证村落乡土性和传统性的关键，也是维持村民社会关系的关键。乡村文化包括物质和非物两种形态，空间设计的目标是既要对物质空间进行恰当地保护和传承，也要为非物质形态的载体提供发挥的可能性。评价指标从宏观到微观来选择，则可分为对村庄整体风貌和空间肌理的保护、建筑风格的延续和重要空间要素的保护。对于整体风貌主要是考察地域特征的可感知度；对于空间肌理主要是考察在道路建设、建筑改建和景观营造中对原有格局的尊重；对于建筑风格主要强调形式、布局、色彩等方面与传统的协调和延续；而对于重要空间要素，是指对有意义的历史建筑、文物古迹、标志性景观进行合理的保护；对于非物质形态的文化要素，如乡风民俗、节庆活动、传统技艺等，主要是从空间环境的使用中得以体现。

3. 社会经济评价

社会经济方面的变化虽不是直接的空间设计内容，但却是检验空间设计效果的重要因素，通过空间设计推动经济社会的发展是乡村建设的重要目标，因此不管是城市设计还是乡村建设通常会将社会经济相关的指标作为评价设计成败的因子。毛开宇和刘宛在城市设计综合影响评价中都涉及社会和经济影响的指标。国家《美丽乡村建设指南》(GB/T 32000—2015) 中，也对社会和经济发展的相关内容做出要求。在其他相关设计评价体系中也有相关指标，如张扬汉等在乡村景观设计方案评价指标体系中将社会性和经济性作为二级指标。又如王丽颖在乡村规划实施效果评估指标中，规划实施后社会认知度和公众满意程度也是与社会影响相关的指标。因此，本节将与空间设计紧密相关的社会经济内容作为评价指标体系的一部分。

(1) 村民活力

城乡规划或城市设计中都十分强调公众参与。在乡村建设中，由于其社会结构、土地产权等多方面原因，村民必然需要在建设中发挥主体作用。对建设成果的检验，即对设计实效的评价，也有必要从村民活力的角度上观察其实际影响。从目标追求上看，一方面，希望通过信息交流和知识带入提高村民的发展意识，这种意识包括自然生态保护和传统文化保护意识，也包括可持续发展意识，为村庄持续发展指明方向；另一方面，希望设计建设中的协商沟通和交互影响，增强村民的“主人翁”意识，调动村民参与设计、建设、维护、管理的积极性。另外，乡村熟人社会中由地缘、血缘联系的邻里关系，是维系乡村文化的天然基质，在一些地区的城镇化建设中却岌岌可危，因此对村民关系的维持和促进作用是必要的评价指标。

(2) 社会效益

社会效益是从村庄整体的层面来评价空间设计实施对社会各方面的影响，主要包含历史文化的传承、村民对建设成果的满意度、对外声誉和发展的持续性四方面的内容。历史文化传承主要是看空间设计对传统文化保护与发展的促进作用。村民对建设成果的满意度是衡量

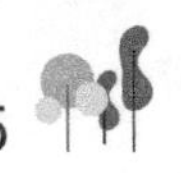

设计成败的重要砝码，也是设计以人为本、空间价值回归本体感受的表现。而设计实施后村庄的声誉，包括对执行者和投资者的吸引力也是评价设计实效的重要因子。另外，社会影响关乎过去、现在、未来，设计建设要考虑发展模式的持续影响。

（3）经济影响

设计实施对经济的影响体现在设计实施过程中和建设完成后。设计实施过程中主要是对当地材料和人力的运用。这不仅是从降低成本和增强适应性的角度考虑，而且对于地方的经济能起到一定的促进作用：一是促进材料的生产与交换；二是增加村民的就业机会和就业能力，对传统技艺的交流与传统也大有裨益。建设完成后，对经济影响的一项直观指标是村民收入的变化和村级经济的发展。当然，影响因素是多方面的，与空间设计相关的通常是产业升级或转型后带来的收入增加，例如通过环境整治和民居改造，发展旅游业提高了村民的收入水平。

4. 环境生态评价

自然环境是乡村赖以生存和发展的物质基础，相对于城市，乡村与自然生态的紧密联系，对乡村的空间设计提出了更多的要求。而从现状来看，城镇化的过程中，由于经济水平和环保意识的落后，对乡村生态环境破坏的状况十分普遍，打破了生物圈物质循环的动态平衡，对人们的生产生活造成了影响。因此，空间设计的实效评价应当关注生态环境的保护和资源的合理利用。

（1）自然协调

自然协调是从源头上强调在空间设计过程中对自然的保护和顺应。首先，保护自然，对相关环境客体进行研究，针对重要的生态要素进行保护。一方面是乡村原本的自然要素，如山体、森林、河流、植被等；另一方面是与农业生产相关的景观要素，如农田、果园、草场、鱼塘等。第二，结合自然，主要体现在建筑和景观营造上。美国学者伊安·麦克哈格 Ian L. Mc Harg，1969）在其《设计结合自然》中，强调自然本身具有的内在价值，指出建筑的评价与创造应以“适应”为标准，重点在于“结合”，与我国的“天人合一”思想殊途同归。评价标准主要从建筑的自然和谐性、道路的地形适应性、绿化的自然性与乡土化来体现。

（2）环境卫生

本项指标是对乡村环境卫生的治理和污染的预防，涉及对乡村空气、水质、垃圾等多方面的监控。根据相关研究和调研观察，主要是生活垃圾的处理，以污水、垃圾和厕卫空间的卫生处理为重点，另外就是生产垃圾的处理，主要是对乡村农业生产或非农企业生产带来的污染防治。对这些项目的评价要注意结合资源的回收利用状况给予评分等级。

（3）资源利用

资源利用是从节能高效的角度，对环境保护提出的更高要求。面对日益严峻的气候变化、能源匮乏问题，现代城乡的发展更强调土地集约、精明增长和资源高效利用。

首先是土地和空间的有效使用，结合区域发展状况，合理开发和布置，注重生活与生产的结合，经济性与美观性的结合，提高土地和空间使用的综合效益。其次，是清洁能源的有效利用，在适宜地区推广太阳能（如图 8-2）、沼气、生物质能等能源的应用。最后，就是对建筑节能技术的使用，同样要关注其适用性和长久效益。

图 8-2 太阳能路灯

三、评价体系的搭建

评价指标体系是表征评价对象各方面特性和相互关系的有机整体，不仅包括多项具有典型代表性的指标，而且也需具备层次分明、逻辑清晰的内在结构。评价指标体系的科学性、综合性和逻辑性，决定了其作为衡量尺度标准时，评价结果的客观性、全面性与准确性。因此，搭建评价体系，需要站在既有成果与经验的基础上，结合实际情况，多方咨询论证，运用科学的方法对指标体系进行修改和完善。

（一）指标体系的系统结构

乡村空间设计实效评价指标体系的结构组织要理清各种影响要素对设计实施效果的作用，根据目标层次来进行归类与选择。本节以乡村空间设计实效评价作为总目标，建立了“总目标层—综合评价层—因素评价层—因子评价层”的多层次结构模型。总目标可分为多项综合评价因素，综合评价因素一般是较为笼统抽象的定性概念，在乡村空间设计实效评价中体现着多元的综合价值。其下又分解为能反映被描述对象结构特征的子因素。子因素比综合评价因素更为具体直接，但也是较为概括的定性概念。最后一层是将子因素细分为具体明确的评价因子（单项指标），也是评价赋值的最终落脚点。

（二）指标体系的完善过程

构建指标体系，通常可行的方法有文献分析法、频度统计法、专家咨询法（如德尔菲法）等。文献分析法主要是通过搜集、整理和筛选相关评价体系的指标信息和结构关系，来分析指标体系的构建过程；频度统计法是对已有的研究成果进行统计、选用使用频率较高的评价指标；专家咨询法是在初步搭建指标体系后，向专家进行咨询，对指标进行调整。

本节从乡村空间设计实效评价的内涵出发，考虑到研究对象与城市设计评价的相似性，

通过文献分析重点梳理了城市设计与乡村设计相关的评价理论，然后通过频度统计得出设计评价中使用频繁的评价因子与标准。初步构建指标体系后，通过专家咨询来完善系统。在专家咨询中，采用的是德尔菲法，即邀请多位乡村规划与设计领域的专家学者对初步构建的指标体系提出完善建议，然后通过进行多轮的反馈修改，最终形成意见趋于一致的评价体系。

在最初建立的评价体系中，综合评价层划分为自然环境改善、建筑空间提升、人文特色增强、经济社会发展 4 个指标。这主要是强调空间设计对乡村的正面提升作用，但这种理想的目标追求一定程度上有悖于客观性和全面性，而且包含内容与表述存在瑕疵，因此在向专家咨询后改为前面所述的功能效用评价、文化艺术评价、社会经济评价和环境生态评价 4 个指标。因素评价层的指标最初是借鉴城市设计的评价标准，划分为结合自然、生态保护、整体协调、功能复合、空间多样、活动便利、人文保护、特色识别、视景感受、资源共享、建造参与、持续发展 12 个指标。然而在上下层的对应关系上存在逻辑混乱，包含内容上存在交叉覆盖，因此专家对此提出修改意见，最终改为上文所述的因素层分类方式。同样，最初的因子评价层指标，由于内容涉及广泛、错综复杂，因此也存在诸多问题，在经过专家咨询后，进行了多轮修正、完善。总结指标体系完善过程，主要是从以下方面对各层指标进行了改进。

1. 逻辑性和系统性

主要体现在各层级指标的从属关系、同层级的平行关系以及指标与评价内容的关联度上。在修改后的指标体系中，更注重指标的层级关系以及同级指标选择的逻辑统一性，同时修改或删减与上层评价目标不切合的内容。

2. 依据的权威性

通常一级指标需要由业界权威确定或是符合广泛认可的理论，然而现实中，对乡村空间设计的评价尚不成熟，因此借鉴的城市设计中相对成熟的指标体系，并吸收融合了乡村设计评价的相关内容，通过专家意见进行修改补充。

3. 表述的准确性和简明性

对原体系中概念模糊、词不达意或者重点不明的表述进行了修改。尤其是对三级指标的表述方式和分类逻辑进行了反复斟酌，用简明概括的语言对评价因子进行总结，通过附加说明的方式，明确其针对的对象或内容。

4. 体现乡村的特色

由于参考城市设计的评价体系，最初在指标的选择和表述上并未突出乡村空间设计的特色，导致与城市社区的评价具有相似性，之后在指标上进行了更改和完善，并在三级指标的针对对象上明确说明涉及乡村空间设计的内容和范畴。

5. 指标的必要性

首先，在因子的选择上要注重可测性和可比性，因此对一些虽较重要但现实操作性低的指标做了删减或修改，如原指标“空间场景的内涵意义”。其次，本节是针对普遍性乡村对象做评价，对于一些过于特殊的乡村评价内容，也做了删减。

经过反复的修改，最终形成的评价体系得到较普遍的认可，不过在评价实践中还需要针对具体情况分析关联度和侧重点并做必要的调整，以达到实用目的。

四、评价流程的确定

合理的评价流程（或者说评价实施程序）是提高评价工作效率、保障评价结果公信力的关键，也对乡村空间设计实效评价的应用和推广有重要影响。以乡村空间设计的实施效果作为评价对象，必须注重评价流程的可操作性、对评价方法选择的灵活性，以及对村民参与的支持性。具体评价流程可大致分为评价前期准备、指标体系调整和评价方法实施三个步骤。

（一）步骤一：评价前期准备

1. 明确评价目标

针对具体的评价对象，首先应当了解该乡村的相关情况和背景。通过向当地政府、设计单位等收集相关资料，熟悉当地的各项条件，确定评价的基本目标。然后针对乡村空间设计涉及的范围，从尺度大小、实践类型上进行评价目标的分析，明确评价的重点、深度，为筛选评价指标与设置权重打下基础。

2. 组织评价调研

项目实用型的评价可由评价委托方组织专业的评价团体，由评价实施方来执行评价流程。评价团体的成员比例、任务分工、工作模式等都应尽量科学、公平、有效。本书属于研究型的评价，因此由研究团队组织进行，评价团队成员主要包括课题研究人员、设计专家或学者、公众代表（利益相关的村民及政府代表）。通过实地调研来加强对乡村基本条件、环境状况和设计实施效果的直接了解。

（二）步骤二：指标体系调整

1. 调整评价指标体系

结合对相关资料的理论分析和对现场状况的实地考察，以前面构建的乡村空间设计实效评价体系为基础，对各项指标的适用性、合理性进行分析，调整评价指标体系，然后通过咨询专家和公众的意见来修改完善评价指标体系。

2. 设置评价指标权重

针对已调整的评价指标，运用德尔菲法进行专家咨询，完成各项指标的权重设置，并结合现场调研的实际情况进行修正，最终得到完整的评价体系。

（三）步骤三：评价方法实施

1. 指标单值量化

合理地选择和运用综合评价方法，基于设计实施后的客观事实，对单项指标进行量化赋值。对乡村空间设计的实效评价要注重“专业评价”与“公众评价”的结合。“专业评价”是组织设计师、专家站在建筑学、城乡规划、景观学的学科背景下参照指标体系进行评价。“公众评价”则是以村民、政府人员等使用者和接触者基于对设计成效的实际感知来进行评

价，主要通过调查问卷、现场访谈等方式来完成。最后的单项指标数值，应是运用恰当方法对以上两种评价结果的综合反映。

2. 指标总值合成

采取科学合理的合成模型和计算方法得出综合指标的评价结果。

3. 评价结果判读

对最终的评价结果进行分析，对实施成效的效益与缺陷进行总结，整理评价的过程及结果数据，思考设计与实施中的经验与教训，以便进行评价反馈。

第三节　乡村空间设计实效评价方法实施

选用适宜的评价方法与指标体系匹配是实现评价目标的关键，也是体现评价结果科学性和合理性的前提。作为乡村空间设计的实效评价方必须有坚实的理论基础和较为成熟的实践经验，同时需要简明方便，便于实施。各种评价方法都有其各自优势与缺陷不足，因此将定性与定量分析相结合，采用综合评价方法是实现科学评价的基本思路。

现代的综合评价方法丰富多样：专家评价法出现较早，应用较广；结合运筹学与数学的有层次分析法（AHP)、模糊综合评价法（FCE)、数据包络分析法（DEA）等；基于统计与经济的方法有主成分分析法、判别分析法、聚类分析法等；除此之外，还有些新型的评价方法如人工神经网络评价方法（ANN)、灰色综合评价法等。我国学者苏为华（2004）曾对不同综合评价法进行比较，认为效用函数综合评价法评价结论直观、通俗，评价过程各环节之间没有信息传递关系，各环节都有众多的方法可供选择，且能多方位组合，因此内容最为丰富。考虑到乡村空间设计实效评价的特点，本节将采取效用函数综合评价方法进行评估，尽量实现评价的精准化。

一、设置指标权重

针对不同地区、不同类型、不同定位的乡村空间设计会有不同的评价重点和价值取向，将会在评价指标的权重中集中反映出来，并对评价结果产生决定性影响。因此，指标权重必须以具体的乡村评价为对象科学地分配和设置。目前常见的确定评价指标权重的方法包括：①主观经验法，即凭借评价者的经验直接进行指标赋权；②专家调查法，邀请专家独立地对评价指标赋权，再加权计算求得平均值；③德尔菲法，给专家发放赋权咨询表，然后对评价指标的权重进行多轮核算；④层次分析法（AHP)，通过两两比较判断矩阵及数学运算，确立各评价指标的权重值。这四种方法从简单到复杂，客观性和辩证性也逐个提高。

因此，从科学严谨性出发，本书主要采用层次分析法（AHP)，结合专家调查进行权重计算。即邀请多位乡村设计领域的专家对具体的乡村评价对象的评价进行指标权重问卷调查，通过 YAAHP6.0 软件建立评价层次结构模型，并进行矩阵计算，完成结果的有效性检验，多次反馈调整，求取平均得到最终的指标权重。计算方法如下式所示：

$$W_i=\frac{1}{n}\sum_{j=1}^{n}V_{ij} \tag{8-1}$$

式中　W_i——第 i 个指标的权重，$i=1，2，\cdots，k，\cdots n$；

V_{ij}——第 j 个专家对第 i 个指标赋予的权重；

n——专家数。

（一）层次分析法的概念与特点

层次分析法（Analytic Hierarchy Process，简称 AHP）是由美国的运筹学家、匹兹堡大学教授 T. L. Saaty 针对多目标综合评价，采用网络系统理论，提出的一种分层指标权重决策分析方法。该方法通过决策者的知识与经验来判断和衡量各个评价标准对目标的相对重要程度，合理地给出每个标准的标度数值，以此计算各方案的优劣次序。这种方法可以简单而有效地解决对非定量对象进行定量分析的问题。

根据研究对象的性质和预期的目标，层次分析法可将复杂问题分成多个不同的组成因素，再依据因素的相互关联影响以及隶属关系进行不同层次的划分与排列，形成一个多目标、多层次的递阶结构模型。然后通过评价主体的判断对各因素两两比较，确定因素相对重要性，综合得出诸因素重要性的总体次序。一言概之，层次分析法的基本思想就是将组成复杂问题的多个元素权重的整体判断转变为对分层元素的两两比较，继而转为对这些元素的整体权重计算排序，最终得到各元素的权重，实现对目标问题的分析和决策。

层次分析法最大的特点是将定量与定性分析相结合，对复杂决策问题的本质、影响因素及内在关系进行深入分析，将人的主观判断转化为数量表达。AHP 的优点在于既吸收了定性分析的结果，又发挥了定量分析的优势；既包含主观的逻辑判断和分析，又依靠客观的精确计算和推演，从而具有很强的条理性和科学性。另外，由于把问题看作一个多层次的系统，分解、判断、综合的分析过程，充分体现了辩证的系统思维原则。运用层次分析法确定评价指标的权重，为评价结果的公正、合理奠定了基础。

（二）层次分析法的应用

通过对系统的深刻认识确定系统的总目标，确认规划决策所涉及范围，所要采取的措施，实现目标的准则、策略和各种约束条件等。

1. 创建层次分析图

依据评价目标，对评价对象涉及的因素进行条理化与层次化分类，创建一个因素相互联结的层次分析图。本书将乡村空间设计实效评价作为总目标层，结合前文分析的指标分类又依次划分综合评价层 A、因素评价层 B、因子评价层 C，分别作为一、二、三级指标。

2. 构建两两比较判断矩阵

层次结构反映的是因素间的逻辑关系，而两两比较判断矩阵则是确定不同因素相对于上一层次的重要程度。通过对同一层次中元素的重要性排序，确定相对权值。

表 8-1 所示的矩阵中 B_{ij} 表示相对于上层指标 A_k 而言，指标 B_i 和 B_j 的相对重要程度。其中 B_{ij} 的取值由 Saaty 的比较标度决定。判断矩阵中的标度数值根据专家和公众代表评估打分结果，权衡调研数据与统计资料后加权平均取得最终值。

表 8-1 两两比较判断矩阵

B	B_1	B_2	…	B_n
B_1	B_{11}	B_{12}	…	B_{1n}
B_2	B_{21}	B_{22}	…	B_{2n}
		…		
B_n	B_{n1}	B_{n2}	…	B_{nn}

3. 层次单排序和一致性检验

层次单排序是本层相关联的因素相对上一层指标的重要性排序，根据判断矩阵计算权值。它可以归结为计算判断矩阵的特征和特征向量的问题，即对于判断矩阵 B，计算满足 $BW=\lambda_{max}W$ 的特征根和特征向量，并将特征向量正规化，将正规化后所得到的特征向量 $W=(w_1, w_2, \cdots, w_n)^T$ 作为本层次元素 B_1，B_2，…，B_n 对于其隶属元素 A_k 的排序权值［式(8-2)］。

计算权向量
$$W_i=\frac{\left(\prod_{j=1}^{n}a_{ij}\right)\frac{1}{n}}{\sum_{k=1}^{n}\left[\left(\prod_{j=1}^{n}a_{kj}\right)\frac{1}{n}\right]} \tag{8-2}$$

由于受诸多主客观因素的影响，重要性在量化时总会存在一定偏差，判断矩阵很难出现严格一致性的情况。因此，在得到 λ_{max} 后［式(8-3)］，还需要对判断矩阵的一致性进行检验。

计算最大特征根
$$\lambda_{max}=\sum_{i=1}^{n}\frac{(AW)_i}{W_i} \tag{8-3}$$

为了检验判断矩阵的一致性，需要计算其一致性指标 CI：

计算一致性指标
$$CI=\frac{\lambda_{max}-n}{n-1} \tag{8-4}$$

式中 n——平均判断矩阵的阶数。

当 CI=0 时，判断矩阵具有完全一致性。CI 越大，则判断矩阵的一致性就越差（对一、二阶矩阵 CI=0，故不需进行检验）。为了检验判断矩阵是否具有满意的一致性，需要将 CI 与平均随机一致性指标 RI 进行比较。RI 的取值见表 8-2。

表 8-2 平均随机一致性指标取值

阶数 n	1	2	3	4	5	6	7	8	9
RI	0	0	0.58	0.90	1.12	1.24	1.32	1.41	1.45

如果判断矩阵 CR=CI/RK<0.10 时，则此判断矩阵具有满意的一致性，否则就需要对判断矩阵进行调整。

4. 层次总排序和一致性检验

确定某层所有因素对于总目标相对重要性的排序权值过程，称为层次总排序。该过程需要从上至下逐层进行。层次总排序的一致性检验与层次单排序类似，当 CR<0.1 时，认为层次总排序通过一致性检验。至此，可以得到评价指标体系的权重设置。否则需要对那些一致性比率 CR 较大的比较判断矩阵，进行指标权重修正。

完成以上步骤后，可以得到指标权重的最终计算结果。本节运用 YAAHP6.0 软件计算，可以在“显示详细数据”中得到权重计算结果。

二、确定评价单值

（一）单项因子分值的评分方法

为求评价结果简明、直观，单项因子将采取 5 分值的方式进行打分。5 分表示单项因子评价很好；4 分表示单项因子评价较好；3 分表示单项因子评价一般；2 分表示单项因子较差；1 分表示单项因子评价很差。

单项因子的评分主要依据调研情况和统计资料，由专家、设计人员和公众代表针对评价对象打分，视具体情况进行权重分配，加权计算后得到单项评价因子的分值。

（二）单项因子分值的换算

运用效用函数对评价指标进行量化时，不同指标具有不同的量纲，则无法统一计算，因此需要通过一定的数学方法将不同性质、量纲的指标数值转化为可进行综合评价的一个相对数，即单项评价值。当前主要的无量纲处理包括直线型效用函数与非直线型效用函数。其中，直线型效用函数主要基于指标量化值对于系统的影响是等比例的假设，一般采用线性的处理方法。但是现实生活中许多评价对象的价值水平与评价值本身之间的关系却是非线性的，运用线性的量化方法并不能完全反映指标数值的变化对系统产生的影响，这在以乡村空间设计的实施成效中表现明显。指标之间总存在着一定的耦合关系，单项指标在总体效能中的影响力也随着单项因子数值的改变而发生变化。因此，简单地将指标量化值进行等比例变化，借以反映指标实际值的变化对系统的影响是不合适的。而且乡村空间设计实效评价，指标涉及空间、文化、艺术、社会、环境等不同维度内容，这些指标存在非线性的变化关系，因此采用非线性的量化模型。

苏为华（2004）在对几种非线性模型比较分析后，指出只有对数模型符合效用评价的数学要求，能够较好地反映指标变化对系统评价产生的影响。对数模型的效用函数如式（8-5）和式（8-6）所示。

$$K_i=\frac{\ln X_i-\ln X_{i1}}{\ln X_{i2}-\ln X_{i1}}\times a+b \tag{8-5}$$

$$K_i=\frac{\ln X_i-\ln X_{i2}}{\ln X_{i1}-\ln X_{i2}}\times a+b \tag{8-6}$$

式中 K_i——第 i 个指标的评价值；

x_i——第 i 个指标的评分值；

X_{i1}——第 i 个指标对应的上限值；

X_{i2}——第 i 个指标对应的下限值；

a，b——常数，通常 $a=40$，$b=60$，与日常生活中的百分制考核制度一致，便于理解。

三、选择合成模型

将单项评价值转化成总评价值，需要选择科学合理的合成模型。借鉴决策科学中关于方

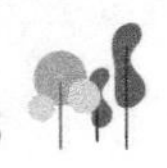

案合成方法的理论，可将合成模型分为加法合成、乘法合成、加乘混合合成、代换合成等。综合评价合成值最好以平均数的形式表现，因为单项评价值表现为平均数，可以使单项评价的物理意义和总评价值的物理意义完全统一，从而可以看出单项评价值的“好坏”。平均合成的方法一般有算术平均法、几何平均法、平方平均法、调和平均法。几何平均法相对于其他三种方法有以下优点：严惩落后指标，鼓励各单项指标均衡发展。综合分析乡村空间设计实效评价的内容，本节选择几何平均法作为评价合成方法［式(8-7)］，评价公式如下。

$$F=\sqrt{\sum_{i=1}^{n}W_iK_i^2} \quad 其中\sum_{i=1}^{n}W_i=1 \tag{8-7}$$

式中 F——乡村空间设计实效的综合评价值；

W_i——权重；

K_i——单项指标值。

F 值越高，说明所评价对象的质量越高。

四、判读评价结果

通过几何平均法计算出的结果，将根据以下标准进行评判。

当 $F \geqslant 90$ 时，说明乡村空间设计实施的效果良好，各种设计目标得到较好实现，在功能效用、文化艺术、社会经济和环境生态上具有较好的效益，总体评价为好。

当 $80 \leqslant F < 90$ 时，说明乡村空间设计实施的效果较好，各种设计目标基本得到实现，各方面的效益和影响较好，总体评价为较好。

当 $70 \leqslant F < 80$ 时，说明乡村空间设计实施的效果一般，设计目标勉强体现，整体提升和改善效果不大，总体评价为一般。

当 $F < 60$ 时，说明乡村空间设计实施的效果较差，很多设计目标没有体现，对乡村存在一些不良影响，总体评价为差。

通过对乡村空间设计在空间、环境、生态、文化、社会及经济的综合评价，能够得到乡村空间设计实施效果的总体评价，并能分项分析得知各方面实施成效的优缺点，便于后续的设计与实施改进。

第四节　结论与展望

本书通过阐释美丽乡村建设的战略构想和相关理论，对我国美丽乡村建设的现状进行了分析，指出了目前我国美丽乡村建设过程中存在的不足，并以此为基础，结合国外成功经验提出了美丽乡村背景下空间环境的设计和提升需要在政府主导下的、发挥农民自身的积极性并利用科学技术等综合因素来进行，通过分析休闲农业园的规划和设计、多元视角下乡村公共空间设计以及对美丽乡村环境设计提升与改造十大模式的分析，最后提出乡村环境空间设计实效评价体现的构建。所得结论可以为研究乡村空间设计和改造提供理论依据，同时具有一定的推广意义，对我国乡村空间环境的提升起到积极的作用。

一、主要研究结论

① 关于美丽乡村建设，人们大多数都将重点放在了整个村落的空间布局规划以及景观

环境的治理问题，而公共空间存在的重要性往往会被忽略掉，它在将人们相互之间的生活相互联系起来的同时，既具备景观的功能又有服务村民的功能。关注乡村中的公共空间环境设计，能更好地把握小空间与大空间的均衡关系，对整个乡村的规划起到了积极的调整作用。

② 在乡村建设中一定要强调的是农村和城市是有所差别的。城市繁华、便捷、热闹、丰富，农村质朴、安逸、自然环境良好。城市和农村的发展应各具特色，不能将乡村建设得跟城市一个模样。尤其是在城市面临发展过程中的如交通拥堵、空气污染等问题时，美丽乡村建设发展就更值得期待，相信会有越来越多的人更喜欢居住在农村这样的环境里。当下不少具有历史文化和传统特色抑或是生态环境良好的乡村为促进本地经济发展，搞起古村古镇旅游开发。许多地方竞相学习模仿像丽江、周庄这样的具有独特资源和美丽风光的历史文化名镇，但许多其他地区村镇并不具有这样得天独厚的条件。“千村一面”缺少文化内涵的旅游开发，古村镇旅游被浓重的商业气息包围，使真正的古色古香几近消失。大量的游客也增加了古村镇的生态环境压力，人们向往的青山绿水、良田万顷映衬的宁静不复存在。

③ 村庄看似小，但规划村庄建设却也是不小的难题，美丽乡村建设更是任重而道远。我国村庄规划编制和实施实践的时间比较短，村庄规划无论从理论上还是方法上都不成熟。对于其发展中遇到的问题，我们及早发现并设法解决，吸取国内外先进的理念和经验教训可以避免许多不必要的资源浪费，也可以绕过许多弯路。期望通过各方的努力，解决各种问题，待到美丽乡村建成，成为不论是农民还是市民都向往在此中生活的乐土。

④ 新乡村建设的原则不是彼此分离、孤立存在的，而是一个不可分割的统一体。新农村建设发生在城市与乡村之间的联系更为紧密、二元特征更加突出的新时代。乡村景观设计的工作，早已不止功在乡村，而是对城—乡—自然系统的整体提升。通过优质的设计，将现代人良好的生活习惯、传统区域优良的美德以及乡土气息的人文传统，再次赋予这个地方的居民，同时展现给前来观光的游客，是乡村景观设计者应当承担起的社会责任与职业责任。

⑤ 传统村落都是在漫长的历史时期逐渐形成的，村落格局、空间形态以及所承载的价值观念和生活方式都是与同一时期的社会观念、政策制度、经济结构具有统一的对应性。乡村公共空间作为乡村空间的核心组成部分也经历着不断的演变和发展。这些物质变化实质上是社会多要素构成的“合力”在空间上的共同反应和投射。计划经济时期，国家力量全面渗透到乡村社会，公共空间变成“公家空间”，成为国家组织乡村社会的工具，乡村公共空间与真实乡村生活世界脱节，乡村公共空间发生异化。由于改革开放的进行，乡村真实的生活世界逐渐回归，村民重新获得了定义自身生活的权利，饱受钳制的乡村公共空间恢复了自身的组织秩序，乡村公共空间重新成为“村民空间”。国家力量的退场为乡村社会力量的发展腾出了自主空间。随着城市化的不断推进，乡村社会力量日渐乏力，市场经济的入侵、现代性的下乡使得村民原本单纯简朴的交往行为发生异化，人们共同在场的生活场景渐行渐远，乡村公共空间呈现出普遍的衰落。新时期的新农村建设，政府的单向推动忽视了村民对于空间的真实需求，盲目地追求现代化导致乡土文化的流失，乡村公共空间越发缺少人们的认同，乡村公共空间面临着重构的危机。阿伦特曾将公共空间比喻为“桌子”，通过它可以将人们联系在一起，公共空间的消失就如“桌子”的消失一样，人们再也不被联系在一起。乡村公共空间为村民的相互交流提供了场所，使得人们走在一起成为可能。乡村公共空间的日益衰亡，村民之间的交流逐渐减少，人们感受到的尽是孤独和寂寞，原本温情脉脉的乡村也将变得毫无生气。

⑥ 美丽乡村建设中应加强对公共空间等重要节点的塑造，利用各种手段来丰富村庄重

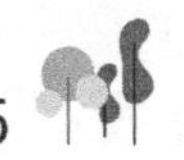

要节点，以突出地方特色，充分展现具有浓郁乡土文化氛围的现代化美丽乡村景象。村庄中一些重要节点如出入口、广场、农贸市场、沟渠边等公共活动场所，是形成丰富细腻的村庄肌理的重要构成要素，在村庄公共、日常生活中起着重要的交往、生产生活场所的综合作用。对它们的塑造，应精心设计，风格应自然宜人，最大限度地体现地方特色，并尊重习俗与文化，从而打造出村庄丰富的公共空间体系。

⑦ 乡村的街道将整个乡村编织在一起，形成独立的居民生活空间。因此，乡村建设不能无序和盲目建设，应该在合理规划基础之上，形成尺度宜人、通达性好的生活空间。在空间环境的规划和设计上应突出规划公共服务半径的合理性，可以步行作为参考依据，建议将乡村公共服务设施如乡村文化中心及社区活动区规划在半径600m，步行12min内可以到达的位置，充分体现空间环境规划的人性化特点。

⑧ 乡村的地域特色主要包括民俗文化、地域风情以及历史传统等，在乡村空间环境规划时首先要突出地域特色，在设计公共空间中时要考虑乡土元素，利用乡土植物、乡土石材、风俗故事等设计内容。其次应让自然和村民的生活环境进行融合，着重体现地域文化内涵，提升乡村空间环境的独特魅力。

⑨ 随着休闲农业园区建设规模的不断扩大，为了更好地发挥其价值与功能，应着重对内部空间展开设计，以便给游客更优质的体验感。

⑩ 乡村空间设计实效评价要把握乡村特点，融合村民意见。乡村由于其本身的特质，在更新建设的目标定位和价值取向上与城市存在差异，乡村空间设计需要立足于乡村现状，把握以人为本、生态和谐、持续发展的原则，树立正确的设计理念、建立有效的实施方法才能保障建设后的成效。实施效果的评价要以正确的价值追求和实际的发展需要为基础，充分听取村民意见，才能做出真实有效的评价。

二、评价和展望

美丽乡村建设既是美丽中国建设的重要部分，也是城乡协同发展的重要组成部分。建设美丽乡村不仅仅是农村居民的需要，也是城市居民的需要。农村所有问题，包括生态问题、环境问题、文化问题，影响的绝不仅仅是农村人口的生产生活问题，实际上从各个方面影响到城市产业发展和城市居民的生活。随着我国现代化建设的发展，我国城乡联系也将日益密切。可以说，建设美丽乡村是整个社会的需要。

本书从美丽乡村建设的相关理论和政策出发，结合目前我国乡村环境空间建设的现状，针对休闲农业环境空间设计、乡村街道空间设计、乡村民居建筑整体设计思路以及乡村环境空间设计实效评价系统构建等展开探究，希望可以为设计人员提供有益的参考，并提高对乡村环境空间设计的重视。在调查研究的过程中，笔者也发现，我国乡村建设不仅在环境空间上有待进一步探索研究，而且在污水治理、环卫设备配置、节水灌溉、耕地修复、清洁能源普及等多个方面均处于发展不足的状态，未来可以开拓的市场空间同样广阔。也就是说，未来中国美丽乡村建设市场前景广阔。

参考文献

[1] 王媛．当代中国新农村建设的成功范例［M］．合肥：安徽人民出版社，2009（11）：29-32.
[2] 廖新亮．精益求精，打造精品廉政文化墙［J］．民心，2015（3）：54.
[3] 田韫智．美丽乡村建设背景下乡村景观规划分析［J］．中国农业资源与区划，2016（9）：229-232.
[4] 吴理财，吴孔凡．美丽乡村建设四种模式及比较——基于安吉、永嘉、高淳、江宁四地的调查［J］．华中农业大学学报（社会科学版），2014（1）：15-22.
[5] 高留安，焦艳艳．"文化墙"悄悄改变农民观念［J］．农家参谋，2012（2）：35.
[6] 宣言．"文化墙"：美化环境 传播文明［J］．思想政治工作研究，2013（2）：51-52.
[7] 雷若欣．浅析现代文化墙的由来、分类及功能［J］．张家口职业技术学院学报，2014（4）：60-63.
[8] 李丽娜．以"文化墙"为载体加强社会主义新农村文化建设［J］．唐山师范学院学报．2015（3）：138-139.
[9] 陆明华，邸平伟，马存琛．美丽乡村背景下的沈家村乡村景观设计［J］．江苏农业科学，2016（6）：286-290.
[10] 高逸菲．美丽乡村建设背景下乡村文化资源开发问题研究［J］．农村经济与科技，2016（19）：239-241.
[11] 张秋明．绿色基础设施［J］．国土资源情报，2004（7）：35-38.
[12] 沈清基．《加拿大城市绿色基础设施导则》评介及讨论［J］．城市规划学刊，2005（05）：102-107.
[13] 刘滨谊，王云才．论中国乡村景观评价的理论基础与指标体系［J］．中国园林，2002，18（5）：76-79.
[14] 汪光涛．认真研究社会主义新农村建设问题［J］．城市规划学刊，2005（4）：1-5.
[15] 同济大学，东南大学，等．房屋建筑学［M］．北京：中国建筑工业出版社，2005.
[16] 单德启．小城镇公共建筑与住宅设计［M］．北京：中国建筑工业出版社，2004.
[17] 刘建荣．房屋建筑学［M］．武汉：武汉大学出版社，2005.
[18] 李必喻．建筑构造：上册［M］．北京：中国建筑工业出版社，2005.
[19] 宋京华．新型城镇化进程中的美丽乡村规划设计［J］．小城镇建设，2013（2）：57-62.
[20] 骆中钊，李宏伟，王炜．小城镇规划与建设机理［M］．北京：化学工业出版社，2005.
[21] 林川，等．小城镇住宅建筑节能设计与施工［M］．北京：中国建材工业出版社，2004.
[22] 张泽蕙，等．中小学建筑设计手册［M］．北京：中国建筑工业出版社，2001.
[23] 骆中钊．小城镇现代住宅设计［M］．北京：中国电力出版社，2006.
[24] 方明，刘军．新农村建设政策理论文集［M］．北京：中国建筑工业出版社，2006.
[25] 赵键．建筑节能工程设计手册［M］．北京：经济科学出版社，2005.
[26] 彰国社．国外建筑设计详图图集13——被动式太阳能建筑设计［M］．北京：中国建筑工业出版社，2004.
[27] 胡吉士，等．建筑节能与设计方法［M］．北京：中国计划出版社，2005.
[28] 王宇，赵浩然．以乡村振兴战略为方向 探索乡村建设新方式［J］．中国勘查设计，2018（11）：28-33.
[29] 邹钟磊，杨文平，赖奕锟，文兴华．乡村振兴战略下的乡村建设问题及规划对策——以汉源乡村建设规划为例［J］．城市发展研究，2018（11）：8-16.
[30] 谭若芷．艺术推动乡村建设的可能性探讨［J］．艺术与设计（理论），2018（8）：56-57.
[31] 陈玉聪．生态文明视阈下的乡村旅游景观规划设计研究［J］．南方农机，2018（8）：167-168.
[32] 王雪如，汪逸梦．乡土建筑自建模式对当下乡村建设的启示［J］．中外建筑，2014（5）：45-47.
[33] 蔡玲，安运华．美丽乡村建设中乡村空间布局规划研究［J］．长江大学学报，2017（22）：4，31，32，49.
[34] 朱建武．浅谈美丽中国之美丽乡村规划［J］．中华民居（下旬刊），2014（5）：100-101.
[35] 张耀珑，沈晨，乔旭辉．美丽乡村建设背景下农村住区空间公共空间的设计［J］．山西建筑．2016（25）：16-17.
[36] 诺伯舒兹．场所精神——迈向建筑现象学［M］．施植明，译．武汉：华中科技大学出版社，2010.
[37] 蒋蔚，李强强．关乎情感以及生活本身——马岔村村民活动中心设计［J］．建筑学报，2016（4）：29-31.
[38] 何巍，陈龙．当好一个乡村建筑师 西河粮油博物馆及村民活动中心解读［J］．建筑学报，2015（9）：24-29.
[39] 张愚，王建国．再论"空间句法"［J］．建筑师，2004（3）：33-44.
[40] 赵雪雁，巨生良．乡村振兴战略中要注重乡村公共空间构建［N］．中国社会科学报，2018-05-04（006）.
[41] 杨柯，李福仁，骆玉岩，杜霖，杨义凡．新人文视角下乡村空间保护与活化研究［J］．建筑与文化，2018（8）：73-74.
[42] 李雪，莹施六，林王艳，卢碧芸，吴炜．传统村落公共空间的特征对美丽乡村建设的启示［J］．农学学报，2018

(9)：89-93.
[43] 张宇翔．美丽乡村规划设计实践研究［J］．小城镇建设，2013（7）：48-51.
[44] 贺海．“中国美丽乡村”安吉模式的乡村旅游发展分析［N］．中国旅游报，2013-07-24（014）.
[45] 黄克亮，罗丽云．以生态文明理念推进美丽乡村建设［J］．探求，2013（3）：5-12.
[46] 廖军华．乡村振兴视域的传统村落保护与开发［J］．改革，2018（4）：130-139.
[47] 高静，王志章．改革开放40年：中国乡村文化的变迁逻辑、振兴路径与制度构建［J］．农业经济问题，2019（3）：49-60.
[48] 许平．法国农村社会转型研究19世纪—20世纪初［M］．北京：北京大学出版社，2001.
[49] ［美］诺曼·厄普霍夫，［美］米尔敦·J. 艾斯曼，［美］安尼路德·克里舒那．成功之源对第三世界国家农村发展经验的总结［M］．江立华，译．广州：广东人民出版社，2006.
[50] 于雷．空间公共性研究［M］．南京：东南大学出版社，2005.
[51] 李立．乡村聚落：形态、类型与演变：以江南地区为例［M］．南京：东南大学出版社，2007.
[52] 温铁军．新农村建设实践展示［M］．北京：文津出版社，2006.
[53] 葛丹东．中国村庄规划的体系与模式：当今新农村建设的战略与技术［M］．南京：东南大学出版社，2010.
[54] 王云才，郭焕成，徐辉林．乡村旅游规划原理与方法［M］．北京：科学出版社，2006.
[55] 费孝通．乡土中国［M］．上海：上海人民出版社，2006.
[56] 陈志华，李秋香．中国乡土建筑初探［M］．北京：清华大学出版社．2012.
[57] ［德］马克斯·韦伯．中国的宗教［M］．康乐，简惠美，译．桂林：广西师范大学出版社，2004.
[58] ［英］史蒂文·蒂耶斯德尔．城市历史街区的复兴［M］．北京：中国建筑工业出版社，2018.
[59] ［美］阿里·迈达尼普尔．城市空间设计社会空间过程的调查研究［M］．欧阳文，梁海燕，宋树旭译．北京：中国建筑工业出版社，2009.
[60] 毛开宇．城市设计基础［M］．北京：中国电力出版社，2008.
[61] 丁磊，张晓斐．休闲农业园区建筑内部空间设计研究［J］．四川建筑，2019（3）：24-27.
[62] 高尚宾，徐志宇，靳拓，魏莉丽，居学海，刁斌，薛颖昊．乡村振兴视角下中国生态农业发展分析［J］．中国生态农业学报（中英文），2019（2）：163-168.
[63] 王林龙，余洋婷，吴水荣．国外乡村振兴发展经验与启示［J］．世界农业，2018（12）：168-171.
[64] 郭晓鸣．乡村振兴战略的若干维度观察［J］．社会科学文摘，2018（7）：16-18.
[65] 欧阳雪梅．振兴乡村文化面临的挑战及实践路径［J］．毛泽东邓小平理论研究，2018（5）：30-36，107.
[66] 江泽林．乡村振兴，生态和产业要融合［N］．人民日报，2018-03-28（020）.
[67] 程雯雯．美丽乡村文化墙优化与提升设计［J］．巢湖学院学报，2018（2）：117-120.
[68] 相阳．德国乡村聚落景观发展经验及启示［J］．世界农业，2018（2）：42-46.
[69] 李建军．英国传统村落保护的核心理念及其实现机制［J］．中国农史，2017（3）：115-124+72.
[70] 夏蕾．村落街巷景观改造中乡土材料的运用［D］．太原：山西大学，2017.
[71] 安晓明．中英乡村环境保护比较及对中国的借鉴［J］．世界农业，2017（5）：39-43.
[72] 赵含钰，谢冠一．基于村落重生的乡村旅游建设适应性设计探讨［J］．中国农业资源与区划，2016（10）：166-173.
[73] 沈费伟，刘祖云．发达国家乡村治理的典型模式与经验借鉴［J］．农业经济问题，2016（9）：93-102+112.
[74] 颜德如．以新乡贤推进当代中国乡村治理［J］．理论探讨，2016（1）：17-21.
[75] 王丽颖．北方严寒地区乡村规划评估体系的研究［J］．中外建筑，2015（5）：83-85.
[76] 王萍．发达国家乡村转型研究及其提供的思考［J］．浙江社会科学，2015（4）：56-62，156-157.
[77] 文剑钢，文瀚梓．我国乡村治理与规划落地问题研究［J］．现代城市研究，2015（4）：16-26.
[78] 朱彬，张小林，尹旭．江苏省乡村人居环境质量评价及空间格局分析［J］．经济地理，2015（3）：138-144.
[79] 汪海燕．旅游经济影响下的乡村公共空间设计研究［J］．长春大学学报，2014（7）：1008-1010.
[80] 王春程，孔燕，李广斌．乡村公共空间演变特征及驱动机制研究［J］．现代城市研究，2014（4）：5-9.
[81] 杨万江，秦文珊．美国谷物生产成本收益长期变化考察［J］．世界农业，2013（11）：105-110.
[82] 王东，王勇，李广斌．功能与形式视角下的乡村公共空间演变及其特征研究［J］．国际城市规划，2013（2）：57-63.

[83] 潘刚．休闲农业：发展现代农业的重要路径选择［J］．中国乡镇企业，2013（3）：44-45.
[84] 张健．传统村落公共空间的更新与重构——以番禺大岭村为例［J］．华中建筑，2012（7）：144-148.
[85] 刘军，张永忠，李晓蓉，陈新媛，于闽．创意休闲农业发展模式及对湖南的经验借鉴［J］．湖南农业科学，2012（12）：45-49.
[86] 兰潇．城市设计方案评价体系初探［D］．广州：华南理工大学，2012.
[87] 张扬汉，曹浩良，郑禄红．乡村景观设计方案评价与优化研究［J］．沈阳农业大学学报（社会科学版），2012（3）：360-364.
[88] 王勇，李广斌．基于“时空分离”的苏南乡村空间转型及其风险［J］．国际城市规划，2012（1）：53-57.
[89] 吴理财．改革开放以来农村社区认同消解之逻辑［J］．江西师范大学学报（哲学社会科学版），2011（2）：3-7.
[90] 耿红莉．浅谈休闲农业体验活动的类型与设计开发——以休闲农庄为例［J］．农村经济与科技，2011（3）：91-93.
[91] 翁鸣．社会主义新农村建设实践和创新的典范——“湖州·中国美丽乡村建设（湖州模式）研讨会”综述［J］．中国农村经济，2011（2）：93-96.
[92] 桂华，余彪．散射格局：地缘村落的构成与性质——基于一个移民湾子的考察［J］．青年研究，2011（1）：44-54，95.
[93] 李伯华，杨森，刘沛林，田亚平．乡村人居环境动态评估及其优化对策研究——以湖南省为例［J］．衡阳师范学院学报，2010（6）：71-76.
[94] 王玲．乡村社会的秩序建构与国家整合——以公共空间为视角［J］．理论与改革，2010（5）：29-32.
[95] 董磊明．村庄公共空间的萎缩与拓展［J］．江苏行政学院学报，2010（5）：51-57.
[96] 郑军德．村落更新应留住乡村特色——对浙江中部地区村落更新的思考［J］．浙江师范大学学报（社会科学版），2009（4）：105-108.
[97] 徐东涛．中国农村公共空间的演进和村庄权力的运作［D］．杭州：浙江大学，2009.
[98] 赵庆海，费利群．国外乡村建设实践对我国的启示［J］．中华民居，2009（3）：98-105.
[99] 李博慧，石治明．造物与环境相融——浅谈产品设计、建筑设计、环境设计三者之间的关系［J］．科技信息，2008（29）：271-272.
[100] 满永．“反行为”与乡村生活的经验世界——从《人民公社时期中国农民“反行为”调查》一书说开去［J］．开放时代，2008（3）：166-174.
[101] 王浩锋．社会功能和空间的动态关系与徽州传统村落的形态演变［J］．建筑师，2008（2）：23-30.
[102] 朱小雷，吴硕贤．建成环境主观评价方法理论研究导论（英文）［J］．华南理工大学学报（自然科学版），2007（S1）：195-198.
[103] 赵琳琳，王雷亭．乡村旅游空间分析与空间设计研究——以泰山马蹄峪为例［J］．泰山学院学报，2007（5）：89-91.
[104] 朱霞，谢小玲．新农村建设中的村庄肌理保护与更新研究［J］．华中建筑，2007（7）：142-144.
[105] 杨东群，李先德．世界部分国家农村建设与发展研究［J］．世界农业，2007（5）：1-4，16.
[106] 张莹．土地利用总体规划实施评价研究［D］．武汉：华中科技大学，2007.
[107] 陈金泉，谢衍忆，蒋小刚．乡村公共空间的社会学意义及规划设计［J］．江西理工大学学报，2007（2）：74-77.
[108] 唐筱霞．日韩经验借鉴：推进工业反哺农业政策的法制化建设［J］．法制与社会，2007（4）：325-326.
[109] 周建华，贺正楚．法国农村改革对我国新农村建设的启示［J］．求索，2007（3）：17-19.
[110] 徐丹．论城市肌理——城市人文精神复兴的重要议题［J］．现代城市研究，2007（2）：23-32.
[111] 谭炳才．国内外农村建设主要模式比较与启示［J］．南方农村，2007（1）：9-11.
[112] 常江，朱冬冬，冯姗姗．德国村庄更新及其对我国新农村建设的借鉴意义［J］．建筑学报，2006（11）：71-73.
[113] 田辉．韩国的新村运动及对我国新农村建设的启示［J］．领导文萃，2006（8）：25-30.
[114] 胡雪松，石克辉，王冬．村落空间资源化——村落营建研究［J］．建筑学报，2006（5）：15-18.
[115] 马非．城市肌理在福州旧城保护与更新中的应用研究［D］．厦门：厦门大学，2006.
[116] 徐璞英．国外农村建设的有关经验和做法［J］．资料通讯，2006（4）：44-53.
[117] 苏为华，陈骥．综合评价技术的扩展思路［J］．统计研究，2006（2）：32-37＋81.
[118] 陈晓华，马远军，张小林，梁丹．城市化进程中乡村建设的国外经验与中国走向［J］．经济问题探索，2005

(12)：17-20.

[119] 曹海林．村落公共空间：透视乡村社会秩序生成与重构的一个分析视角 [J]．天府新论，2005 (4)：88-92.

[120] 刘宛．城市设计综合影响评价的评估方法 [J]．建筑师，2005 (2)：9-19.

[121] 汪冬梅．日本、美国城市化比较及其对我国的启示 [J]．中国农村经济，2003 (9)：69-76.

[122] 高强，王富龙．美国农村城市化历程及启示 [J]．世界农业，2002 (5)：12-14.

[123] 冯海发．反哺农业的国际经验及其我国的选择 [J]．经济问题，1996 (4)：38-42.

[124] 张泉，王辉，梅耀林，赵庆红．村庄规划．第 2 版 [M]．北京：中国建筑工业出版社，2011.

[125] 苏为华．多指标综合评价理论与方法研究 [M]．北京：中国物价出版社，2001.